服装职业教育"十二五"部委级规划教材

服装电脑款式设计
——CorelDRAW 表现技法

CorelDRAW BIAOXIAN JIFA

朱华平◎著

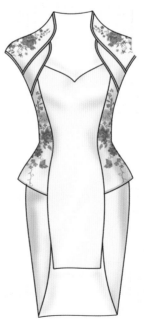

中国纺织出版社

内 容 提 要

本书采用计算机平面设计软件CorelDRAW进行服装款式设计，通过任务式教学法介绍了服装不同款式的绘制方法，通过服装零部件、裙子、裤子、男女外套等对款式设计进行了详细讲解，此外还对文字和图案的绘制进行了介绍，每个任务后面还有拓展练习款式和练习的提示，由简到繁，由易到难，使读者可循序渐进地掌握绘制服装款式图的方法及要领。

图书在版编目（CIP）数据

服装电脑款式设计：CorelDRAW表现技法/朱华平

著．--北京：中国纺织出版社，2015.7（2024.8 重印）

服装职业教育"十二五"部委级规划教材

ISBN 978-7-5180-1773-7

Ⅰ．①服… Ⅱ．①朱… Ⅲ．① 服装设计—计算机辅助设计—图形软件—中等专业学校—教材 Ⅳ．①TS941.26

中国版本图书馆CIP数据核字（2015）第141093号

策划编辑：孔会云　　责任编辑：符 芬　　责任校对：寇晨晨

责任设计：何 建　　责任印制：何 建

中国纺织出版社出版发行

地址：北京市朝阳区百子湾东里A407号楼　邮政编码：100124

销售电话：010—67004422　传真：010—87155801

http://www.c-textilep.com

中国纺织出版社天猫旗舰店

官方微博http://weibo.com/2119887771

北京通天印刷有限责任公司印刷　各地新华书店经销

2015年7月第1版　2024 年 8 月第 8 次印刷

开本：787×1092　1/16　印张：6.5

字数：48千字　定价：48.00元

凡购本书，如有缺页、倒页、脱页，由本社图书营销中心调换

前 言

　　《服装电脑款式设计——CorelDRAW表现技法》是中职学校服装设计与工艺专业的必修课程，也是每位服装工作者必备的基本专业技能。本书作者通过对服装款式类型的分析，选择最常用的服装款式作为典型任务，由零部件开始，从简单到复杂进行任务安排，突出任务引领。书中部分款式来自企业实际生产的产品，部分款式来自全国职业院校服装设计与工艺项目技能比赛集训作品，体现了一定的实用性和典型性，可以让中职学校的学生掌握基本服装款式绘制的技巧，能胜任今后工作中款式绘制的工作要求，所绘制的款式能运用到工艺单中，并能指导制板和工艺制作。

　　本书在编写内容上主要突出了以下三方面：

　　1. 款式选择由易到难，循序渐进，款式与时尚潮流接轨。

　　2. 对每个任务进行文字说明，让学生了解款式的同时关注工艺、了解结构、理解设计意图。任务中所绘制设计的款式示例对学生的指导工艺单、制板等其他各个方面能力都是有效的训练。

　　3. 在任务后设有拓展练习，同时增加了拓展练习的难点解析，可以让学生举一反三地进行学习，从一个知识点拓展到几个不同的知识点。拓展练习的款式均体现结构和工艺的变化，使学生在进行款式外形设计的同时，更好地理解结构和工艺的表达。

　　本书对任务内容的安排和选择是作者长期从事设计、教学、指导大赛的实践经验总结，同时还得到了服装企业技术人员和院校专家的指导，引入市场的成衣新款和技能比赛训练作品。在编写过程中紧紧围绕中职学生的就业定位，根据"实用、够用"的原则，力求精简、求实，通俗易懂，便于中职学生自学和提升发展。

　　由于作者水平有限，书中难免有不妥之处，敬请读者批评指正。

著者

2015 年 5 月

目　录

项目一

服装零部件的绘制

任务一

软件基础知识

CorelDRAW Graphics Suite 是加拿大 Corel 公司的平面设计软件，该软件是 Corel 公司出品的矢量图形制作工具软件，这个图形工具给设计师提供了矢量动画、页面设计、网站制作、位图编辑和网页动画等多种功能。在服装设计领域，这是绘制服装款式图最好的软件之一，常见历史版本有 9、10、11、12、X3、X4。本课程学习的是 CorelDRAW X3 版本。

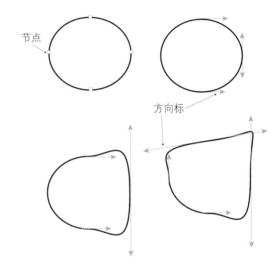

节点

方向标

任务说明

1. 能说出软件界面各栏的名称，能进行界面各栏目位置的调整。
2. 能使用矩形、椭圆形、形状工具、挑选工具等常用工具绘制简单图形，并能对图形进行位置、大小的编辑。
3. 能进行图形的复制、粘贴，色彩的填充、线条粗细的修改。
4. 能使用手绘工具绘制简单的图形，使用文字工具进行文字的编辑。

一、任务简介

利用所学工具，绘制各种形状，组合成一个图案，并对各种形状填充颜色，要求图案中至少有 2 个是相同的形状，有 3 种不同线条的表现，有 5 种以上的形状组合而成，需要添加文字说明图案的寓意。

二、任务分析

CorelDRAW 软件的学习首先要学会认识软件的界面和工具，才能将工具使用熟练，最开始需要掌握的是今后每一次课都需要使用的普及性的工具，因此，需要通过多次的练习、反复操作，才能在后面的学习中得心应手。本次任务需要将所有学习到的工具和知识进行综合应用，组合成一个富有寓意的图案，要运用文字工具进行说明，需要达到任务的要求，并具有一定的设计美感。

任务重点：使用形状工具和矩形等工具绘制和编辑图形。

任务难点：图形的复制、粘贴，色彩的填充、线条粗细的修改。

三、操作步骤

1. 界面认识及操作

（1）在桌面单击"开始"—"程序"—"CorelDRAW X3"，即可打开 CorelDRAW X3 应用程序的界面。选择新建，就可以新建一个文档（图 1-1）。

图 1-1

（2）CorelDRAW X3界面主要由菜单栏、标准工具栏、属性栏、工具箱、状态栏、调色板、纸张、标尺、页面显示等组成。每一项都非常重要（图1-2）。

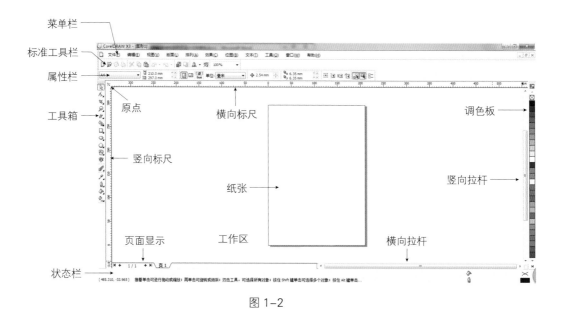

图1-2

（3）每次打开软件界面，请检查所有的栏目是否均在，如果在打开界面或者制作过程中发现栏目缺少，可以点击右上方灰色区域，看相应的栏目是否打"√"，"√"可以调出菜单栏、状态栏、标准栏、属性栏、工具箱。如调色板没出现，可以右键点击工作区，在下拉菜单中选择调色板，选择默认 CMYK 调色板（图1-3）。

图1-3

（4）在绘制之前，请确认纸张的大小，软件默认的是 A4 纸张，如需要修改，在不选择任何图形的情况下，在属性栏上找到纸张类型 / 大小控件进行修改。同时在属性栏还可以修改纸张的方向及绘制时标尺的单位，如需要厘米，就在单位控件选择厘米；如需要英寸，则选择英寸为单位（图 1-4）。

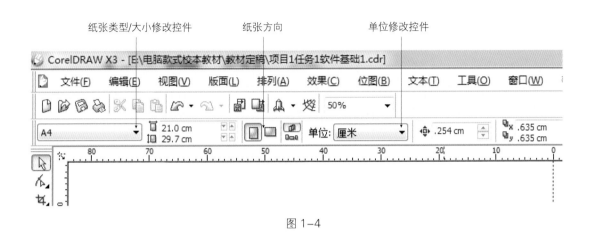

图 1-4

（5）绘制前需要了解标准工具栏里主要的工具，因为这些是每次绘制都必须要使用的，其中比例也可以直接用鼠标的滚轮控制，往前是放大，往后是缩小，放大和缩小的范围就是光标所在的位置（图 1-5）。

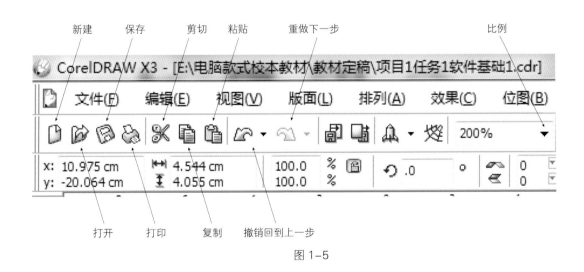

图 1-5

（6）标尺和辅助线一般默认为显示在界面，如果没有显示，请在菜单栏的"视图"下拉菜单里面勾上"标尺"或者"辅助线"。辅助线拉出的方法是选择工具箱的 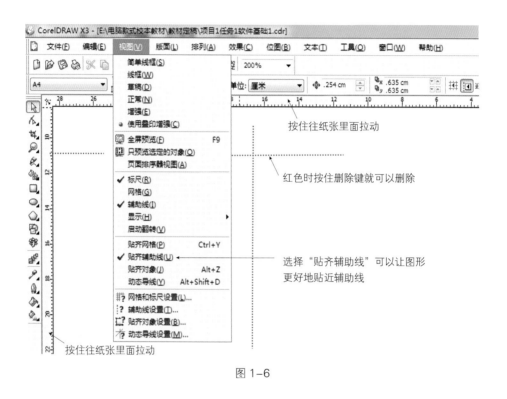挑选工具，将光标放在标尺的任何一个地方按住不动，往工作区或纸张上拉，辅助线就拉出来了，横向标尺拉出的是横向辅助线，竖标尺拉出的是竖向辅助线。取消辅助线的方法是用挑选工具点击辅助线成红色，点击键盘的删除键，或者右键在下拉菜单中选择"删除"（图1-6）。

图 1-6

2. 基本图形绘制及编辑

（1）在工具箱中找到"矩形工具" 绘制一个矩形，用挑选工具选择图形并左键点击调色板上的颜色可以填充图形的颜色，右键点击调色板的颜色可以改变图形边框的颜色。用挑选工具选中图形，在属性栏上找到轮廓宽度的控件，默认宽度为发丝，可以直接修改需要的轮廓线条的粗线宽度（图1-7）。

（2）用挑选工具选中矩形框，上下左右都会出现小方块，光标静置在小方块上就会出现箭头，此时按下不动向外拉就会拉大图形，往里拉就会缩小图形，横向箭头就是往横向改变，竖向箭头的就是往竖向改变，斜角处的是同时拉大或者缩小图形的横向和竖向大小。鼠标放在图形的中间，就会出现一个十字架的双向箭头，按住这个箭头不动即可将图形移动到想要的位置（图1-8）。

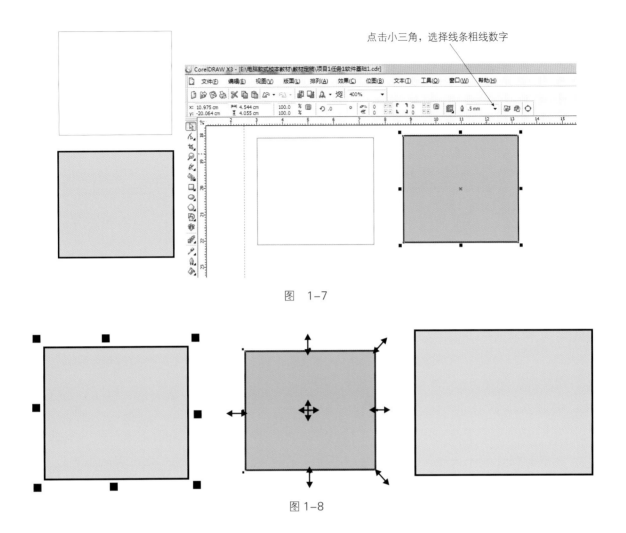

图　1-7

图 1-8

（3）用挑选工具选中图形，在图形上点击一下，图形四角会出现弧形双向箭头，光标置于任意一个弧形双向箭头就会出现一个类似于整圆的双向箭头，按住鼠标不动就可以旋转图形（图 1-9）。

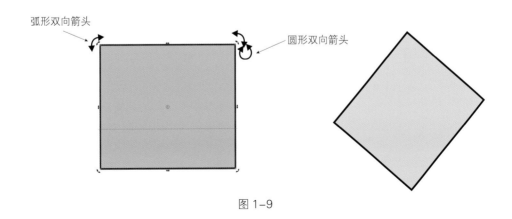

图 1-9

（4）选择长方形，右键选"复制"，取消选择，再在空白的地方右键选择"粘贴"，即可复制一个相同的图形，复制的图形可能与原图形在同一个位置，选取后移动出来。在标准工具栏上也有复制和粘贴工具控件，可以使用控件进行复制粘贴。快捷方式是选择图形按住不动，拖到想要复制的地方同时按下左键，即可复制一个图形（图1-10）。

建议学会使用快捷方式，以提高绘制速度。

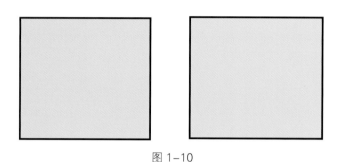

图1-10

（5）前面基本图形的绘制和编辑，对"椭圆形工具" ○ 和"多边形工具" ○ 及"基本形状" ▣ 都适用。均可以对图形进行放大、缩小、填充、旋转、改变线条颜色及粗细（图1-11）。

（6）如果需要对图形的形状进行改变，则需要使用"形状工具" ✎ ，用"椭圆形工具" ○ 绘制一个椭圆形，右键点击图形，选择下拉菜单的第一个"转换为曲线"，用 ✎ 工具点击图形会出现小方框的节点，点击节点，会出现蓝色的方向标，拉动方向标即可改变图形的形状（图1-12）。

注意，矩形工具、椭圆形工具、多边形工具均需要转换为曲线后才能用形状工具编辑节点和拉动方向标。

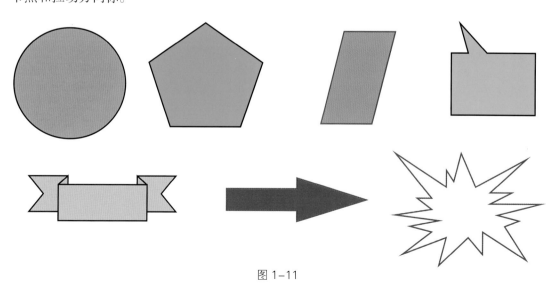

图1-11

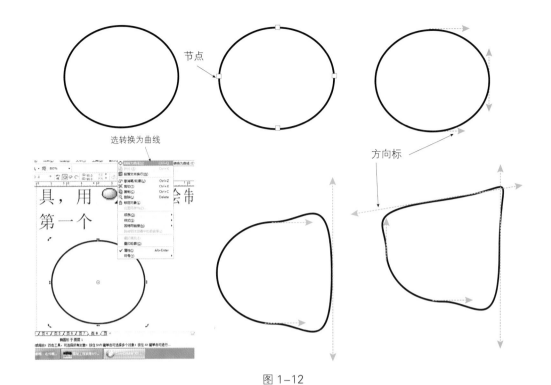

图 1-12

（7）选择"贝塞尔工具" ⬚，可以直接绘制任意形状的图形，如果需要填充颜色，必须在起点位置介绍，成为一个封闭图形，同样可以选择"形状工具" 进行图形的编辑（图 1-13）。

图 1-13

（8）用"形状工具"选择节点，右键出现下拉菜单，选择"到曲线"，就会在节点处出现方向标，拉动方向标，就可以将直线改成弧线，任意变化形状。

选择"形状工具"，在图形线条上点击右键，可以增加一个节点。在节点上点击右键，还可以选择删除该节点（图 1-14）。

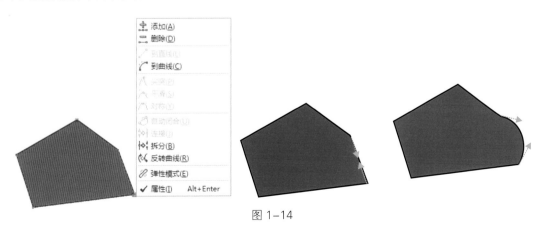

图 1-14

四、拓展练习

1. 拓展练习说明

请绘制不同的图形组合成一个图案，并对图案进行颜色填充，要求图案中至少有 2 个是相同的形状，有 3 种不同线条的表现，有 5 种以上的形状组合而成，需要添加文字说明图案的寓意。

2. 拓展练习解析

（1）可以用椭圆形、多边形及标题形状里面的多种形状组合成一个图案，还可以添加用贝塞尔工具绘制的不规则图形，填充不同的颜色，改变线条的颜色，重复使用一些相同的图形，运用服装款式设计课程中学习的重复、节奏等形式美法则进行图案的设计。可以确定一个图案的主题或场景进行设计，如圣诞礼物、雪景等，也可以确定图案的风格，如民族、田园等，拓展自己的思维，绘制出独具特色的图案效果。

（2）文字编辑的方法。选择"文本工具" ，在需要添加文字的地方点击就可以直接打出文字了，文字编辑工具主要在菜单栏的"文本"菜单里，请自行选择文本菜单里的"字符格式化"和"段落格式化"进行文字编辑（图 1-15）。

图 1-15

任务二

口袋的绘制

　　口袋是服装最基本的组成要素之一，是兼具实用与审美的一个重要部件，是服装设计重点表达的位置。各种服装款式的设计都涉及口袋的变化。

任务说明

1. 利用矩形工具、形状工具、复制工具绘制四种口袋，添加工艺说明。
2. 能绘制口袋上压缉明线的效果。
3. 能正确标注不同类型的口袋名称。
4. 进行口袋上的装饰设计。

一、任务简介

绘制四种口袋，要求通过软件表现不同的口袋款式效果，并标注口袋的工艺说明。运用前面所学，进行口袋的装饰设计。

二、任务分析

服装口袋是电脑绘制服装款式图的基础部分，根据口袋结构特征的分类，主要分为贴袋（图1-16）、挖袋（图1-17）、插袋（图1-18）三种，本任务要求使用矩形工具、形状工具、复制工具等进行绘制，运用文字工具标注工艺说明，并能在口袋上进行装饰设计，使口袋表达清晰完整，能指导工艺的制作，并具有一定的装饰美感。

任务重点：线型和圆角的绘制方法。

任务难点：不同类型口袋的准确绘制。

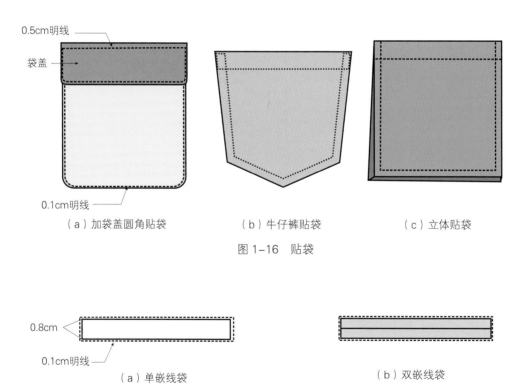

0.5cm明线
袋盖
0.1cm明线
（a）加袋盖圆角贴袋　　　　（b）牛仔裤贴袋　　　　（c）立体贴袋

图1-16　贴袋

0.8cm
0.1cm明线
（a）单嵌线袋　　　　　　　　（b）双嵌线袋

图1-17　挖袋

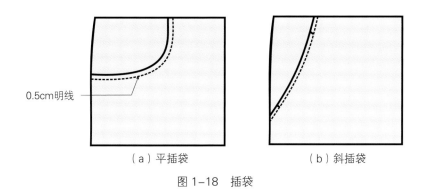

0.5cm明线

（a）平插袋　　　　　　　　　　　（b）斜插袋

图 1-18　插袋

三、操作步骤

1. 贴袋

（1）用矩形工具 ▭ 绘制一个较大的矩形框，调整大小，填充好颜色，改变边框线条为较粗线条（0.5mm）。选择形状工具 ⬍ ，在矩形框四个角的任一角拉动，即可将四个尖角拉成圆角。

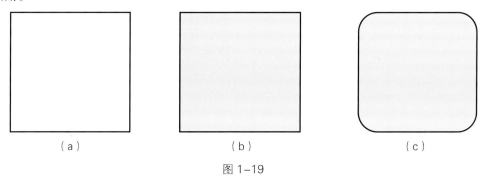

（a）　　　　　　　　　　（b）　　　　　　　　　　（c）

图 1-19

（2）选中矩形框，按住"shift"键不动，鼠标移动到矩形任一角处，图标显示为十字架型 ✖ 时往矩形中间拉，同时点下右键，即可复制一个与原矩形框同比例缩小的新矩形框（图 1-20）。

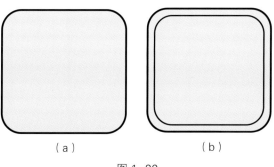

（a）　　　　　　　　　（b）

图 1-20

（3）选中新的矩形框，右键选"转换为曲线"，然后将线条修改为较细线条，在属性栏上找到"轮廓样式选择器"，选择合适的虚线类型，并根据要求调整虚线矩形框的大小（图1-21）。

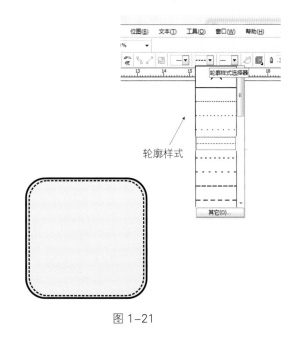

图 1-21

（4）用"矩形工具"在原长方形的上方绘制一个长方形，调整线条粗线与下面的长方形相同，右键选"转换为曲线"，在下面一个尖角的节点旁边用工具各增加1个节点，选中尖角的节点，右键选"到曲线"，再右键选删除，尖角就会变成小圆角了。另一个角用同样的方法变成小圆角（图1-22）。

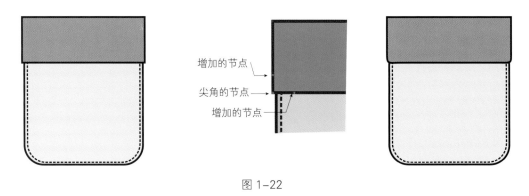

图 1-22

（5）按照第"2"步的方法，复制一个同比例缩小的矩形框，修改新的矩形框的线条与虚线类型和粗线相同，调整虚线矩形框的大小（图1-23）。

图 1-23

2. 挖袋（双嵌线挖袋）

（1）用"矩形工具"绘制一个长方形，填充颜色，修改线条粗细，中间用"贝塞尔"工具 ⊠ 绘制一条直线（图1-24）。

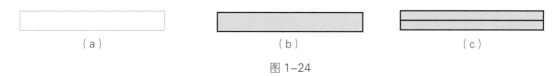

（a）　　　　　　　　（b）　　　　　　　　（c）

图1-24

（2）选择长方形，右键选"转换为曲线"，按住"shift"键不动，鼠标移动到矩形任一角处，图标显示为十字架型时往矩形外面拉，同时点下右键，即可复制一个以原矩形框同比例放大的新长方形。因新的放大的长方形会覆盖原长方形，故在新长方形上面右键选择"顺序""到图层后面"。用"轮廓样式选择器"改成虚线，并调整到合适大小（图1-25）。

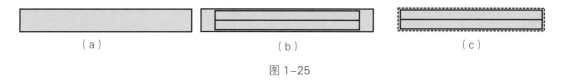

（a）　　　　　　　　（b）　　　　　　　　（c）

图1-25

3. 插袋（平插袋）

因绘制的是牛仔裤常用的平插袋，故先用"矩形工具"绘制一个长方形，调整为牛仔裤的带侧缝的裤片形状，填充颜色，改变线条的类型。用"贝塞尔"工具绘制一条弧线，复制弧线并修改为虚线（图1-26）。

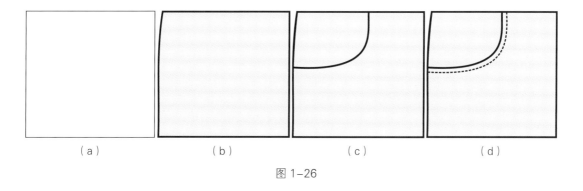

（a）　　　　　（b）　　　　　（c）　　　　　（d）

图1-26

4. 排版及添加工艺说明

将绘制的三种口袋在页面中排列好，并标注工艺说明。注意整体版面设计的美观和色彩搭配的效果（图1-27）。

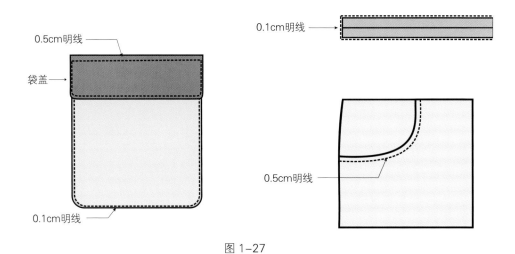

图 1-27

四、拓展练习

在三种贴袋上进行各种装饰手法设计，要求绘制清晰，标注工艺说明及设计说明。提示：可以用绳带、蝴蝶结、装饰线、褶、分割线等装饰手法。

任务三

袖子的绘制

袖子和口袋都是服装最基本的组成要素之一，是兼具实用和审美的很重要的部件，是服装设计重点表达的位置。绘制本任务前请先自行复习袖子的分类。

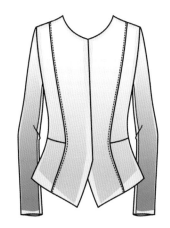

任务说明

1. 利用手绘工具、形状工具、复制工具等绘制两种袖子并添加工艺说明。
2. 能绘制袖子与衣身衔接的两种表达效果。
3. 能正确标注不同类型的袖子名称。
4. 能独立进行袖子的造型设计。

一、任务简介

绘制两种袖子，要求通过软件表现不同工艺的袖子穿着效果，并标注出袖子的工艺说明，且能独立完成两款袖子的设计。

二、任务分析

袖子是电脑绘制服装款式图的基础部分之一，根据袖子的工艺特征分类，主要分为圆装袖、平装袖两种。本任务通过使用手绘工具、结合工具、贝塞尔工具等进行绘制，运用文字工具标注工艺说明，并能独立完成袖子的设计，使袖子表达清晰完整，能指导工艺制作（图1-28）。

任务重点：袖子形状的绘制。

任务难点：袖子与衣身接合处的绘制。

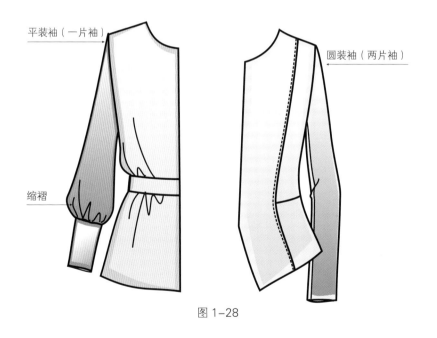

图 1-28

三、操作步骤

1. 平装袖（一片袖）

（1）用矩形工具 ▢ 绘制一个较大的矩形框，调整大小，填充好颜色，改边框线条为较粗线条（0.5mm）。右键选择"转换为曲线"，用⬚工具框选矩形所有节点，右键选择"到曲线"，调整成衣片的形状，用贝塞尔工具⬚绘制腰节线（图1-29）。

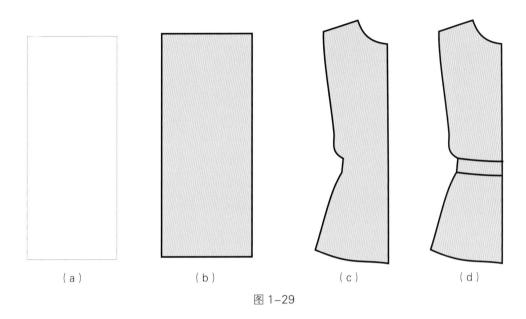

（a）　　　　　（b）　　　　　（c）　　　　　（d）

图1-29

（2）用手绘工具⬚绘制腰节上下的缩褶，用贝塞尔工具⬚从衣服的肩端点开始画出袖子的轮廓线，改变线条的粗细并填充颜色，选中袖子形状右键选择"顺序""到图层后面"，将袖子放置在衣片的后面（图1-30）。

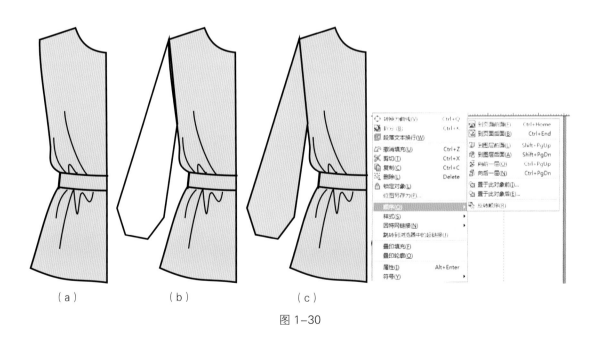

（a）　　　　　　（b）　　　　　　（c）

图1-30

（3）在袖子下面绘制一个小矩形框为袖克夫，选中新的矩形框，填充颜色，改变线条，右键选"转换为曲线"，然后双击矩形框，旋转矩形框，调整袖子和袖克夫的形状，并用手绘工具绘制袖子的缩褶（图1-31）。

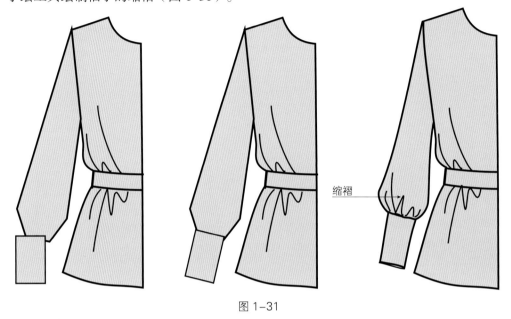

缩褶

图 1-31

2. 圆装袖（两片袖）

（1）用"矩形工具"绘制一个长方形为衣片，调整线条粗线并填充颜色，右键选"转换为曲线"，用 ✐ 在长方形上增加节点，并调整为衣片的形状，在衣片上用"贝塞尔"工具绘制公主分割线（图1-32）。

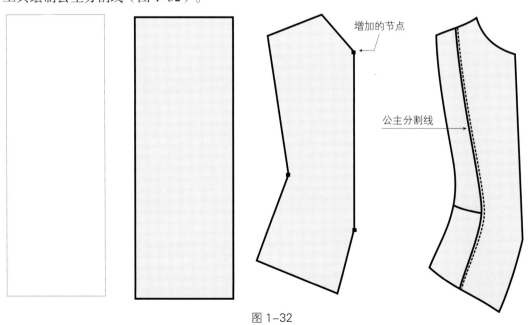

增加的节点

公主分割线

图 1-32

（2）用"贝塞尔"工具绘制一个袖子的形状，填充颜色，修改线条粗细，右键点击袖子形状，选择"顺序""到图层后面"，将袖子置于衣片后面（图1-33）。

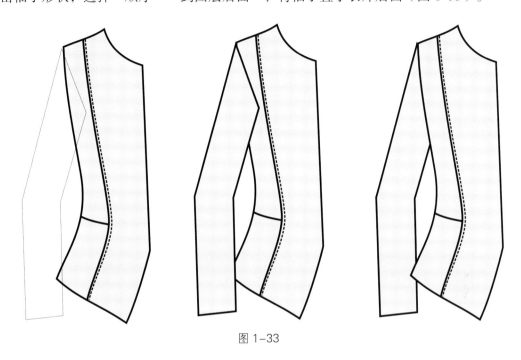

图 1-33

（3）用节点工具 框选袖子上所有节点，右键选择"到曲线"，调整好袖子的外形，在袖山处要有一定的弧度，用"贝塞尔"工具 绘制袖子的内袖缝线（图1-34）。

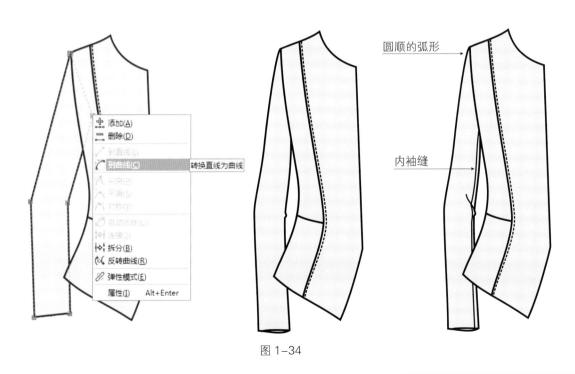

图 1-34

四、拓展练习

1. 拓展练习说明

观察如图 1-35 所示两款袖子绘制的异同，并绘制下来，另设计两款不同的袖子。要求用不同的方法绘制，标注工艺说明及设计说明。

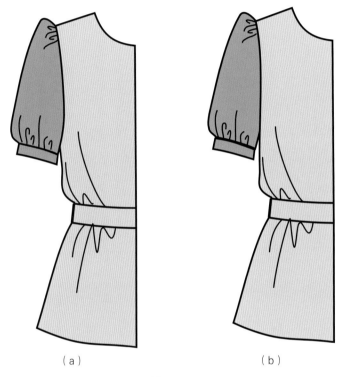

（a）　　　　　　　　　　　　（b）

图 1-35

2. 拓展练习解析

绘制袖子时，袖子与衣片的衔接处可以是袖子在上面，也可以是衣片在上面，两种方式均可，一般来说，两片袖的袖子在下面看上去更自然，一片短袖则在上面看上去更好看。

任务四

领子的绘制

领子是服装最吸引人的部位，也是服装最基本的组成要素之一，是兼具实用和审美的重要部件，是服装设计重点表达的位置。绘制本项任务前请先自行复习领子的分类。

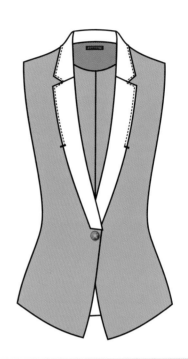

任务说明

1. 主要利用结合工具、复制工具、变换的泊坞窗等绘制三种领子。
2. 能说出翻领、衬衣领、翻驳领三种领子绘制的流程。
3. 能正确标注不同类型的领子名称。
4. 能独立进行领子的造型设计。

一、任务简介

绘制三种领子，要求通过软件表现不同领型的款式效果，并能说出领子的绘制流程，能独立完成两款领子的设计。

二、任务分析

领子是电脑绘制服装款式图的基础部分之一，领子主要分为立领、翻领、企领（衬衣领）、翻驳领（西装领），运用文字工具标注工艺说明，并能独立完成袖子的设计，使袖子表达清晰完整，能指导工艺制作（图 1-36）。

任务重点：不同领型的形状绘制。

任务难点：不同领型的绘制流程。

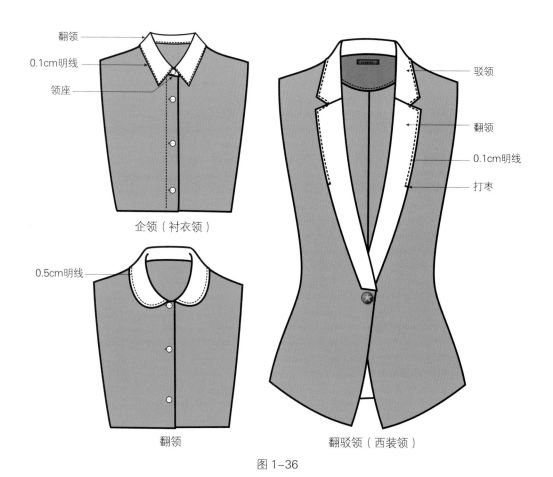

图 1-36

三、操作步骤

1. 翻领

（1）用矩形工具 ▭ 绘制一个矩形框，调整大小，填充好颜色，改边框线条为较粗线条（0.5mm）。右键选择"转换为曲线"，用 ✎ 工具框选矩形所有节点，右键选择"到曲线"，增加调节点，调整成衣片的形状（图1-37）。

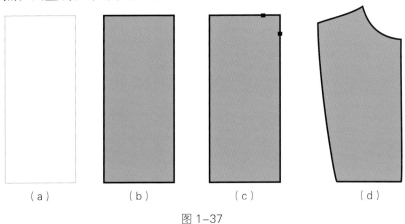

（a）　　　　　（b）　　　　　（c）　　　　　（d）

图 1-37

（2）在菜单栏上选择"排列""变化""比例"，右边会出现变换泊坞窗，先选中调整好的衣片图形，然后点击"水平镜像"，选择复制的方向，再点击"应用到再制"。即可复制一个对称的图形，选择左边图形，右击选择"顺序""到图层前面"，并向右平行移动一点，使两片裁片重叠，重叠量为搭门量（图1-38）。

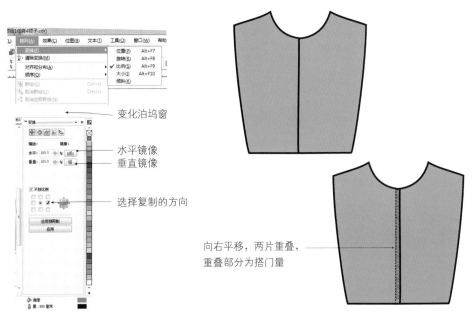

图 1-38

（3）用"贝塞尔"工具绘制一个领子一半的外轮廓线，领中位置超出中线，改变线条颜色和粗细，填充颜色，并调整好领子的轮廓线，用上一步相同的方法复制另一半的领子轮廓。绘制时要注意领子的位置，翻领需要留出搭门量的位置（图1-39）。

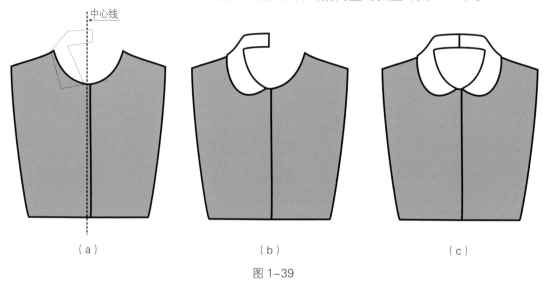

图 1-39

（4）将右边一半的领子向左平行移动一点，使左右两片领子中线重叠一点，同时选中左右领子，在属性栏上点击焊接，两个领子图形就会焊接成一个图形，中间重叠的部分也会不露痕迹（图1-40）。

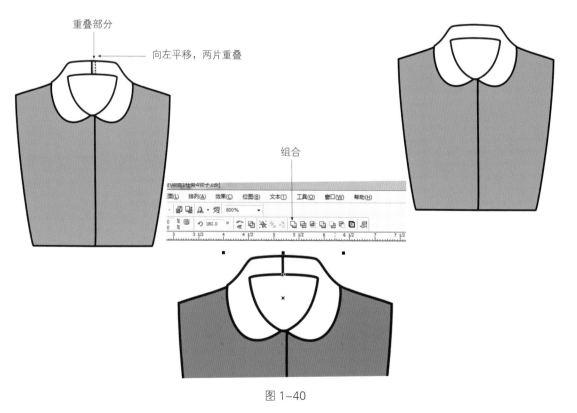

图 1-40

（5）用"贝塞尔"工具绘制一个弧形的线，作为翻领翻折形成的领线，注意与原来的领线衔接圆顺（图1–41）。

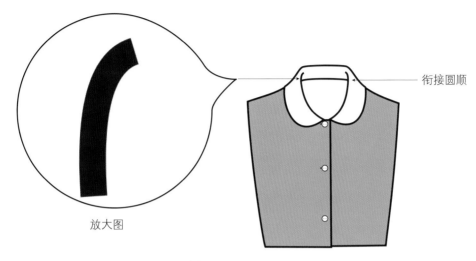

放大图

衔接圆顺

图 1–41

（6）用矩形工具绘制一个矩形框，填充颜色，移动到领子的上面，调整好大小，不能超过领子上边缘，右键点击矩形框，选择"顺序""到页面后面"，矩形就作为衣片的后面置于领子的下面了（图1–42）。

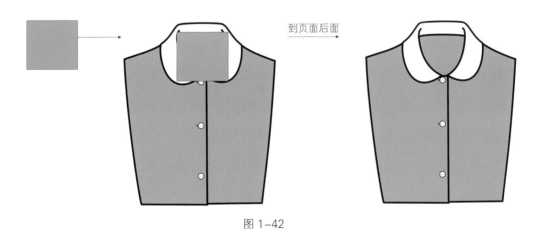

到页面后面

图 1–42

2. 企领（衬衣领）

（1）用前面翻领的第1、第2步的方法绘制一个衣片的形状，绘制一个领子的形状作为衬衣领的翻领，填充颜色，改变线条粗线，调整好领子的形状，领内口线调整成微弧的线，注意衬衣领口的大小和位置，领口不能太宽、太深（图1–43）。

（2）绘制一个梯形框作为后领座，填充颜色，调整线条大小，右键移动到领子的后面，调整好大小和形状，再绘制一个长方形，右键点击矩形框，移动到领子的后面，矩形就作为后衣片的后面置于领子的下面（图1-44）。

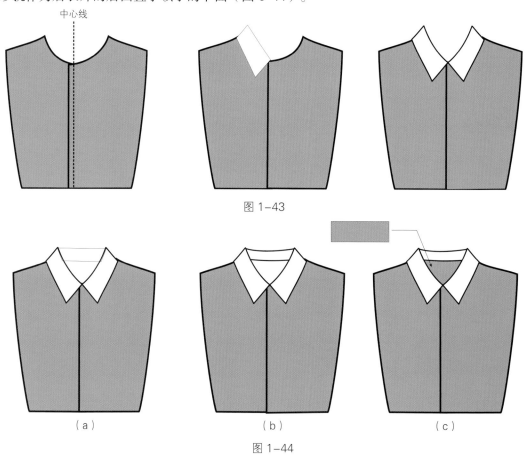

图 1-43

（a）　　　　　　　　　（b）　　　　　　　　　（c）

图 1-44

（3）绘制一个衬衣领领座的领头形状，调整好形状、大小及线条粗细，置于翻领的下面，再绘制好纽扣（图1-45）。

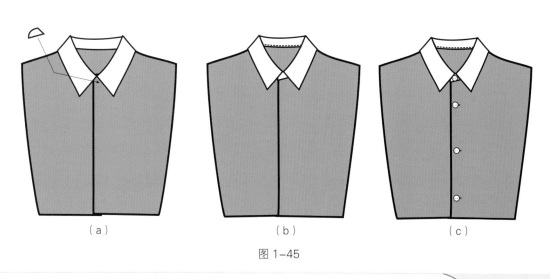

（a）　　　　　　　　　（b）　　　　　　　　　（c）

图 1-45

3. 翻驳领（西装领）

（1）绘制一个衣片的形状，调整大小、形状及线条粗细，填充颜色，用"排列—位置—缩放和镜像"复制一个横向镜像的衣片，将左边的衣片放在上面，将两个衣片重叠（图1-46）。

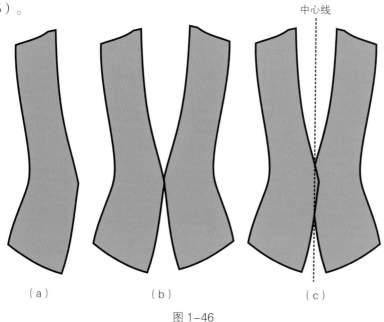

中心线

（a）　　　　　　（b）　　　　　　（c）

图 1-46

（2）绘制一个后领的形状放在两个衣片中间，注意后领位置要高于衣片。绘制左边翻领的形状，注意领座和翻领衔接处要有点弧形，体现领子翻折的效果，调整好后镜像复制到右边（图1-47）。

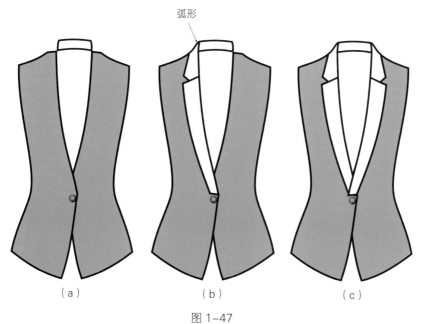

弧形

（a）　　　　　　（b）　　　　　　（c）

图 1-47

（3）选中左边的领子，调整顺序到最上面。绘制一个从领子到衣摆的图形，填充好颜色，调整顺序到领子的后面（图 1-48）。

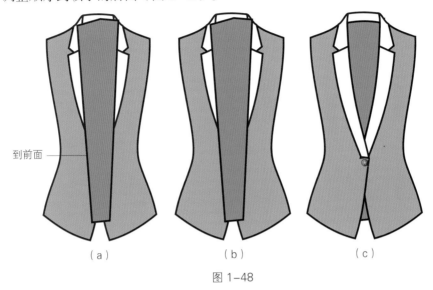

到前面 ——

（a）　　　　　　　（b）　　　　　　　（c）

图 1-48

四、拓展练习

1. 拓展练习说明

设计绘制一个立领和翻驳领相组合的领子。

2. 拓展练习解析

（1）立领的绘制比较简单，因为一般立领比较贴紧脖子，绘制时注意领口的宽度和深度都不能太大、太深。

（2）立领和翻驳领的组合设计一般会把立领的领宽和领深加大加深，以组合不同大小的翻领（图 1-49）。

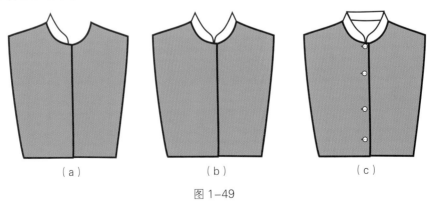

（a）　　　　　　　（b）　　　　　　　（c）

图 1-49

任务四

项目二

裙子的绘制

任务一

简单褶裙的绘制

电脑绘图是服装设计的一项基本技能，学习的过程也是自我提升的过程，可以在潜移默化中提高审美水平。近似色系是色彩中比较难搭配的一种色系，请尝试使用近似色系为裙子进行色彩搭配。

任务说明

1. 利用矩形工具、形状工具、贝塞尔工具、手绘工具等绘制简单褶裙，添加工艺说明，并且选择一款提供的拓展款式进行绘制。
2. 能绘制出缩褶、规律褶、波形褶三种常用褶。
3. 能绘制出高腰裙、中腰裙、低腰裙三种裙腰。

一、任务简介

绘制简单褶裙，要求通过软件表现裙子的款式效果，并作出裙子的工艺说明，且能绘制出三种褶和三种裙腰。

二、任务分析

简单褶裙是电脑绘制服装款式图中较为简单的部分，通过使用矩形工具、形状工具、手绘工具等进行绘制，运用文字工具标注工艺说明，使整个褶裙款式图表达清晰完整，能指导工艺的制作（图2-1）。

任务重点：形状工具的使用及褶皱的绘制方法。

任务难点：需要仔细观察不同褶的表现形式，并能学会不同褶的绘制方法。

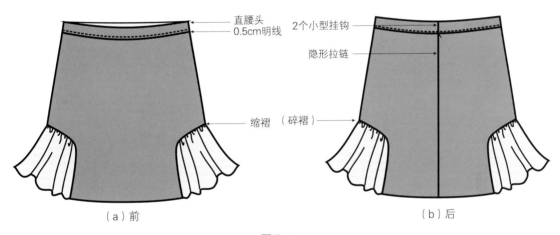

直腰头
0.5cm明线

2个小型挂钩

隐形拉链

缩褶　（碎褶）

（a）前　　　　　　　　　　　　　　（b）后

图2-1

三、操作步骤

（1）用矩形工具 □ 绘制两个矩形框，调整大小，放置在页面合适的位置，填充好颜色，改边框线条为较粗线条 (0.5mm)（图2-2）。

（2）在两个长方形上分别都点击右键，选择 ○ 转换为曲线(V) 用形状工具 ⚘ 把大的长方形左下角节点平行外移（图2-3）。注意，平行外移节点请选中节点移动的同时按住"Ctrl"键。

（3）在菜单栏"排列"下找到"变换"，点

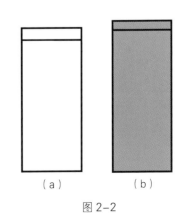

（a）　　　　（b）

图2-2

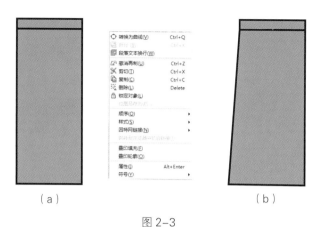

（a）

（b）

图 2-3

击"比例"，屏幕右边会出现"变换"泊坞窗，框选两个长方形，点击"变换"泊坞窗水平后的按钮 水平：100.0 ◆ % ，如图 2-4 所示在水平方向勾上"√"，并点击"应用到再制"，整个裙子的廓形则完成了，根据页面大小及款式特点调整裙子的宽窄（图 2-4）。

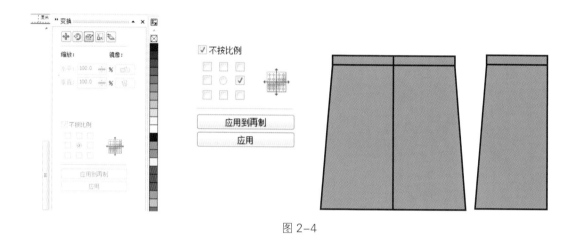

图 2-4

（4）用形状工具 将裙角调整为弧形。用贝塞尔工具 在裙角弧形处绘制一个多边形。先选择裙片，按住"Shift"键再选择多边形，在属性栏上点击修剪图标，多边形就会修剪成与裙片弧形相符（图 2-5）。

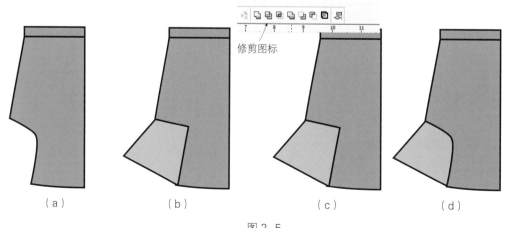

修剪图标

（a）   （b）   （c）   （d）

图 2-5

（5）用形状工具 调整多边形下摆使其成波浪状，用贝塞尔工具 画出褶线
（图 2-6）。

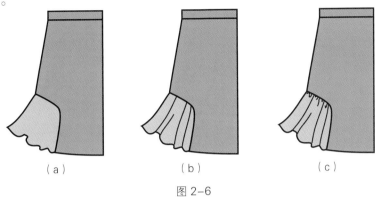

（a）　　　　　　　　（b）　　　　　　　　（c）

图 2-6

（6）按照前面第"3"步中使用排列中的水平镜像，点击应用到再制，复制绘制好的
左边裙子到右边，同时选中两个裙片，选择属性栏上的焊接图标，左右裙片焊接成一个整
体。点击"焊接"图标，将腰头增加节点，调整成弧形（图 2-7）。

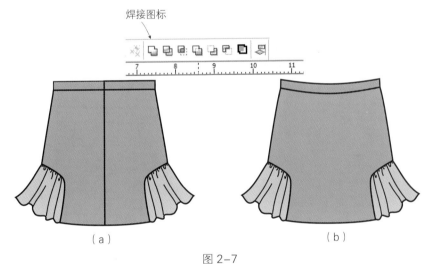

（a）　　　　　　　　　　　　　　（b）

图 2-7

（7）在腰头上面增加一个椭圆形，放置在腰头的后面（图 2-8）。

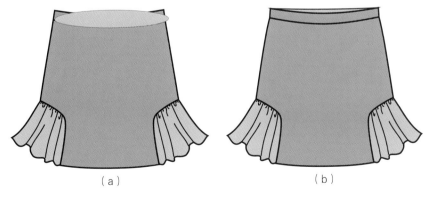

（a）　　　　　　　　　　　　（b）

图 2-8

（8）复制绘制好的裙子，在裙子中间用贝塞尔工具 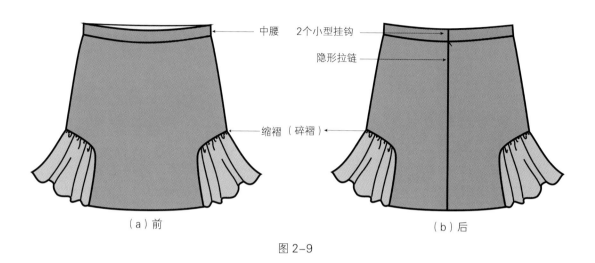 画出中线，标出裙子的工艺说明（图2-9）。

图 2-9

四、拓展练习

1. 拓展练习说明

按照任务三中简单褶裙的绘制方法，参考拓展绘制重点解析，根据所给的款式图进行练习，要求款式图绘制比例正确，线条流畅，工艺标注清晰明确（图2-10）。

（a）　　　　　　　　　　（b）

图 2-10

2. 拓展练习解析

（1）规律褶会形成有规律的褶线，绘制时需重点表达。褶量大的时候，下摆形成的褶会将反面翻转过来，可以换颜色表现（图2-11）。

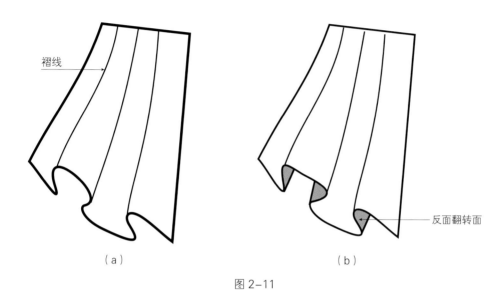

图 2-11

（2）波形褶下摆形似波浪，用不规律、长短不同的褶线表达（图2-12）。

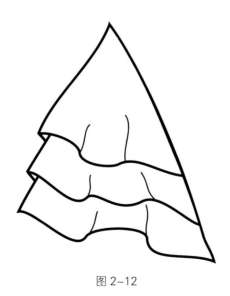

图 2-12

（3）中腰、低腰和高腰的表现形式会有不同，绘制错误则会严重误导版型和工艺的设计。中腰裙的腰头在人体腰线的中间，腰头侧面呈现直线［图2-13（a）］；低腰裙的腰头在人体腰线的下面，裙腰口较大，裙侧缝弧形平缓［图2-13（b）］；高腰裙的腰头在人体腰线的上面，裙腰口外开成喇叭形［图2-13（c）］。

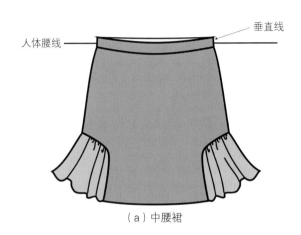

（a）中腰裙

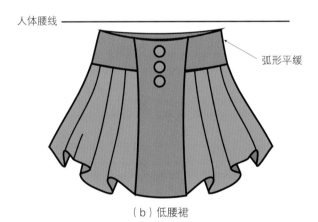

（b）低腰裙

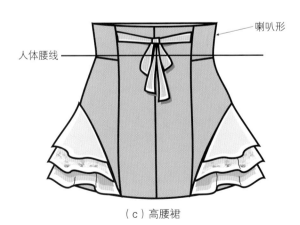

（c）高腰裙

图2-13

任务二

连衣裙的绘制

连衣裙属于裙装的一种，是上装和下装连在一起的裙装。按裙装的外形区分，有筒裙、斜裙、圆裙三大类；按裙长分，有长裙、中裙、短裙和超短裙四大类。裙子的造型设计的重点在于细节的变化，细节的设计决定了裙子的特点，如裙子的分割、省道变化、褶裥变化等。连衣裙的设计重点在肩、胸、腰、臀等部位的造型及细节变化。裙装的面料质感、花型设计及色彩也是设计的重点。

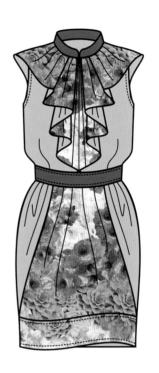

任务说明

1. 主要利用矩形工具、形状工具、贝塞尔工具、镜像复制工具、焊接工具绘制裙子的基本轮廓。
2. 学习荷叶边的表现方法。
3. 学习不同面料质感和面料不同色彩的搭配。

一、任务简介

　　绘制波浪门襟连衣裙，要求通过软件表现连衣裙的款式效果，并作出裙子的工艺说明。了解各种荷叶边的绘制，分析不同连衣裙的绘制区别。

二、任务分析

　　连衣裙是电脑绘制服装款式图中中等难度的部分，通过使用镜像工具、焊接工具、图框精确裁剪等进行绘制，运用文字工具标注工艺说明，使整个连衣裙款式图表达清晰完整，能指导工艺的制作（图2-14）。

　　任务重点：形状工具的使用及荷叶边的绘制和处理的方法。

　　任务难点：需要自己观察并掌握不同连衣裙款式的绘制。

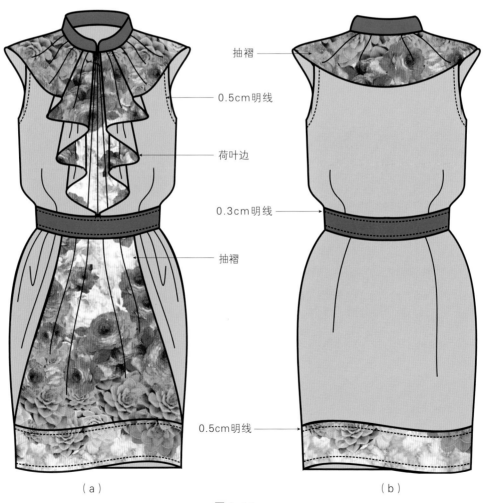

抽褶

0.5cm明线

荷叶边

0.3cm明线

抽褶

0.5cm明线

（a）　　　　　　　　　　　　　（b）

图2-14

三、操作步骤

（1）用矩形工具 ▭ 绘制 1 个矩形框，调整大小，放置在页面合适的位置，填充好颜色，改变边框线条为较粗线条（0.5mm），并将长方形转换为曲线，用形状工具 ⟋ 绘制出衣片。用同样的方法绘制出领子和腰封（图 2-15）。

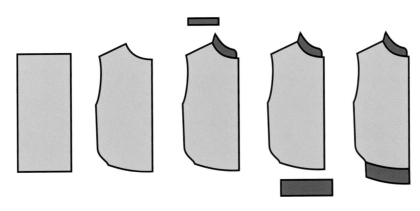

图 2-15

（2）用贝塞尔工具 ✎ 和形状工具 ⟋ 绘制出裙片造型（图 2-16）。

（3）绘制荷叶边，用贝塞尔工具 ✎ 在衣片上画出荷叶边的基础线，再用形状工具 ⟋ 绘制出荷叶边的造型（图 2-17）。

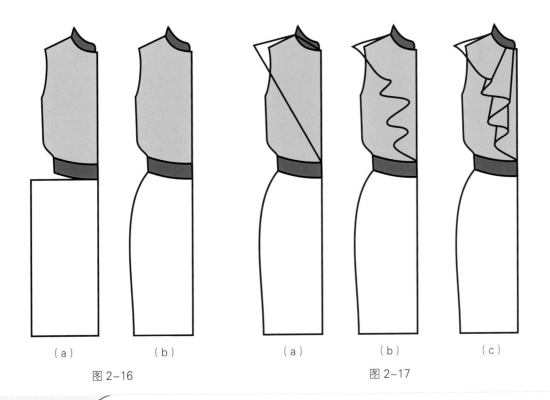

| （a） | （b） | | （a） | （b） | （c） |

图 2-16　　　　　　　　　　　　图 2-17

（4）用贝塞尔工具 📐 和形状工具 📐 在裙身外绘制花苞造型并填充颜色。水平复制裙片，鼠标框选绘制调整好的左裙片，同时按下键不松开，用鼠标移动选中的对象到右边一个空白位置，鼠标左键不松开同时点鼠标右键即可复制一套裙片。选中复制后的裙片，用水平镜像工具 📐，使其水平翻转，调整左右衣片的位置，使左右衣片的中线稍有重叠。然后选中所有衣片，单击属性栏中焊接工具 📐，使两衣身结合在一起（图 2-18）。

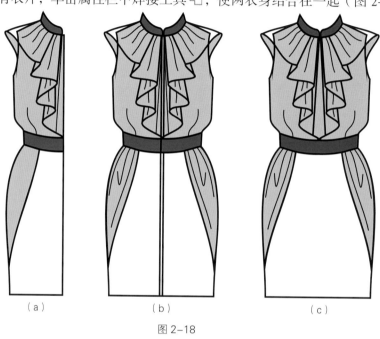

（a） （b） （c）

图 2-18

（5）用贝塞尔工具 📐 和形状工具 📐 画出下裙片的褶皱线迹，调整裙底的造型，并将微露的后裙片进行颜色填充，最后将后领绘制出来（图 2-19）。

（a） （b） （c）

图 2-19

（6）导入要填充的花色图片，用图框精确裁剪工具将导入的图片放进所要填充花色的荷叶边和裙子部位（图 2-20）。

（7）用贝塞尔工具 和形状工具 将连衣裙的明线线迹绘制出来，线条粗为 0.3cm，线迹类型为虚线。采用同样的方法完成连衣裙的反面绘制，并标注说明（图 2-21）。

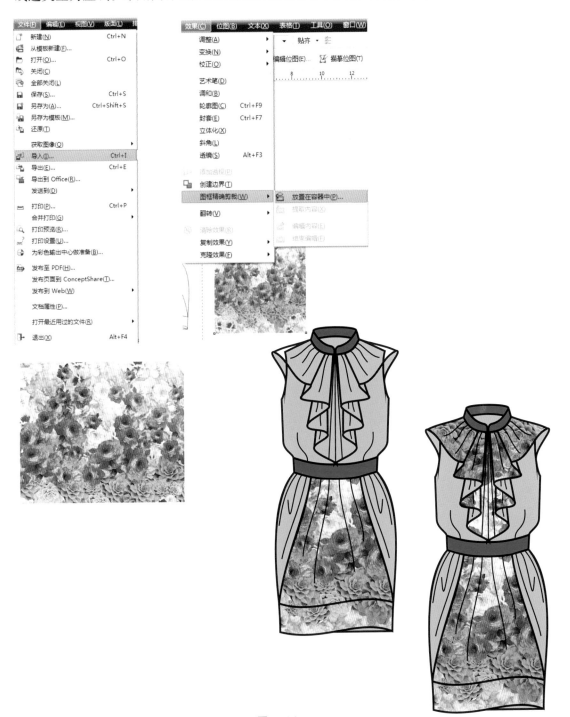

图 2-20

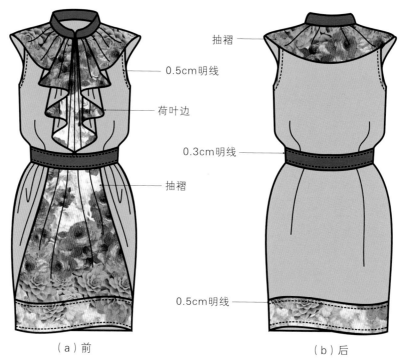

（a）前　　　　　　　　　　　　　（b）后

图 2-21

四、拓展练习

　　按连衣裙的绘制方法，根据所给款式图进行绘图练习。要求款式图绘制比例正确，线条流畅，颜色搭配时尚（图 2-22）。

（a）　　　　　　　　　　　　　（b）

图 2-22

项目三

裤子的绘制

任务

牛仔裤的绘制

女装裤可以分为短裤、中裤、裙裤、紧身裤、宽松裤、工装裤、运动裤等款式，根据外形又可以分为松紧适度的直筒形、上宽下窄的锥子形、上紧下松的喇叭形三类。裤子的造型设计重点在腰臀围的大小、裤腿裤脚的长短肥瘦、裤身前后的分割、门襟的变化等，装饰细节的设计主要表现在口袋、拉链、腰袢、缉线等方面，而各种色彩、质地的面料也是设计时要考虑的。

任务说明

1. 主要利用均匀填充工具、交互式调和工具、艺术笔工具、扭曲变形工具等绘制牛仔中裤。

2. 学习牛仔面料洗水、打枣（之字形线迹）、撞钉、猫须效果的表现。

3. 通过学习，掌握女装裤基础型的绘制及款式的变化设计。

一、任务简介

绘制牛仔中裤，要求通过软件表现直筒牛仔中裤的洗水、打枣、撞钉、猫须的效果，并作出裤子的简单工艺说明。通过本次学习，学会裤装款式基本廓形的变化设计和款式细节处理。

二、任务分析

七分牛仔裤是绘制裤装中的基本款式，通过贝塞尔工具、形状工具绘制出七分牛仔裤的基本廓形；交互式调和工具绘制出牛仔面料洗水效果；渐变填充工具绘制出金属撞钉；艺术笔工具绘制出牛仔裤中的猫须效果。运用文字说明工具标注工艺说明，使整个牛仔中裤绘制过程清晰明了，并有指导制作工艺的效果（图 3-1）。

任务重点：交互式调和工具的使用，牛仔面料洗水效果的表现。

任务难点：渐变填充工具的使用，金属撞钉的绘制方法。

（a）前　　　　　　　　　　（b）后

图 3-1

三、操作步骤

（1）用矩形工具 ▭ 绘制两个矩形框，调整大小，放置在页面合适的位置，填充好颜色，改变边框线条为较粗线条（0.5mm）（图 3-2）。

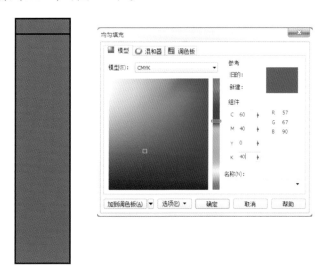

图 3-2

（2）在两个长方图形上分别点击右键，选择 转换为曲线(V) ，用形状工具 ⟍ 把裤子的基本形状画出来。再用同样的方法画出裤脚卷边（图 3-3）。

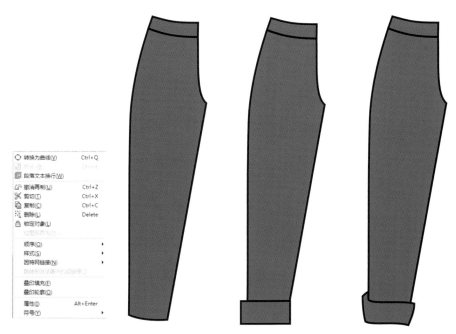

图 3-3

任务

（3）用贝塞尔工具 和形状工具 将裤子的侧缝线、明线线迹、斜插袋画出来（图 3-4）。

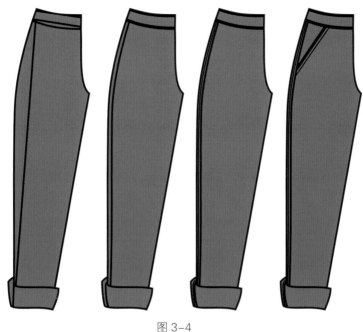

图 3-4

（4）用矩形工具画出裤衩的形状并旋转调整，将明线线迹调整为虚线并改变颜色（图 3-5）。

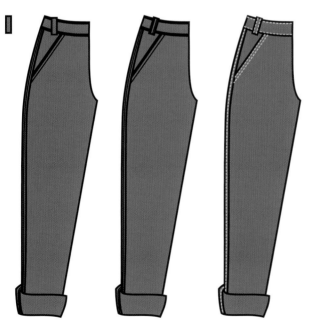

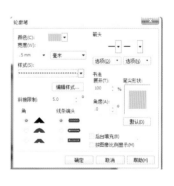

图 3-5

（5）使用工具箱中的椭圆工具 ⬭ ，同时按下 Ctrl 键，分别绘制出大小、颜色不同的三个正圆，选择其中最小的圆形，单击渐变填充 ■ 渐变填充… 进行渐变填充，小圆呈金属的质感（图3-6）。

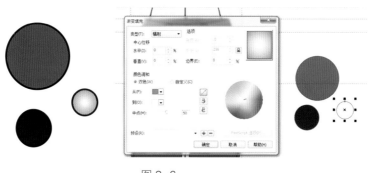

图 3-6

（6）单击选择工具 ⬚，群选三个圆形。点击属性栏中排列 排列(A) 中的对齐分布中的对齐与分布，选择居中对齐，利用群组工具 ❈ 将三个圆群组起来。再单击选择工具 ⬚，将绘制好的撞钉放置到斜插袋的位置（图3-7）。

（7）单击贝塞尔工具 🖊 绘制一条水平线段。单击交互式调和工具 🔲 中的扭曲工具 💠 扭曲 ，设置拉链失真振幅为43、拉链失真频率为15，对直线做拉链变形，并对其改变颜色后使用选择工具将绘制好的之字线放置到裤祥的位置（图3-8）。

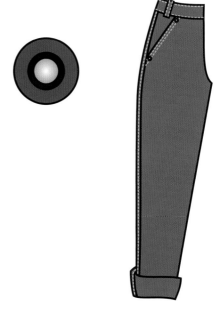

图 3-7

图 3-8

（8）单击工具箱中椭圆形工具 ◯ ，绘制一大一小椭圆，并分别给其填充深浅不一的颜色，使用选择工具 ▸ 框选两个椭圆，鼠标右键单击调色板中的 ⊠ ，使其无轮廓显示，点击工具栏里的交互式调和工具 ⬚ ，输入适宜的步数 (12)，从小椭圆拖至大椭圆，形成均匀的渐变效果，使用选择工具 ▸ 将渐变图形缩放移动到裤片上适宜的位置（图 3-9）。

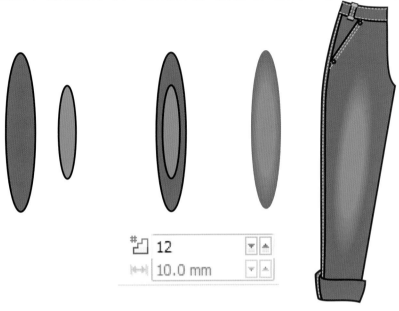

图 3-9

（9）点击工具箱中的艺术笔工具 ⟋ 艺术笔 ，点击无轮廓 ⊠ ，设置其属性栏中的笔触，绘制出猫须（提示：将该画笔绘制出来的结果填充比牛仔裤稍浅的颜色，水洗效果会更明显）（图 3-10）。

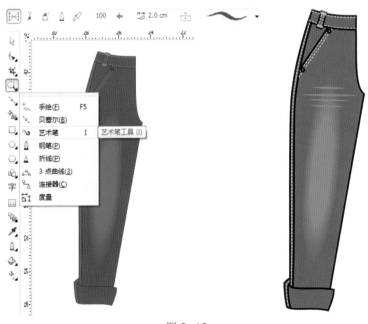

图 3-10

（10）用复制粘贴工具 ▣ ▣ 复制出另一半，并进行水平镜像调整 ▥，将另一半裤子画好（图 3-11）。

图 3-11

（11）用贝塞尔工具画出后片腰头及在其上的明线，并使用同样的方法画出裤子的后面部分，完成七分牛仔裤的绘制，标出七分牛仔裤的工艺说明（图 3-12）。

0.2cm明线

撞钉

猫须

打枣（之字形线迹）

水洗

（a）前   （b）后

图 3-12

任务

四、拓展练习

　　按任务四中绘制牛仔中裤的方法，根据所给的变化款—款式图进行绘图练习。要求款式图比例正确，线条流畅，造型符合，面料质感、款式细节要表达清楚（图3-13）。

图3-13

项目四

上衣的绘制

任务一

T恤的绘制

对比色相搭配因视觉效果强烈而常常运用于服装色彩搭配中，请尝试使用对比色为T恤进行色彩搭配。

任务说明

1. 利用矩形工具、形状工具、交互式调和工具、刻刀工具、贝塞尔工具、手绘工具等绘制罗纹领T恤，添加工艺说明，并且选择一款提供的拓展款式进行绘制。
2. 能绘制出半襟、通开襟、偏开襟三种常用门襟。
3. 能绘制出罗纹领、平领、翻领三种领型。

一、任务简介

绘制罗纹领 T 恤，要求通过软件表现 T 恤的款式效果，并作出 T 恤的工艺说明，且能绘制出三种门襟和三种领型。

二、任务分析

罗纹领 T 恤是电脑绘制服装款式图中较为简单的部分，通过使用矩形工具、形状工具、刻刀工具、交互式调和工具等进行绘制，运用文字工具进行工艺说明的标注，使整个 T 恤款式图表达清晰完整，能指导工艺的制作（图 4-1）。

任务重点：刻刀工具与交互式调和工具的使用及门襟的绘制方法。

任务难点：需要仔细观察不同门襟的表现形式，并能学会不同领型的绘制方法。

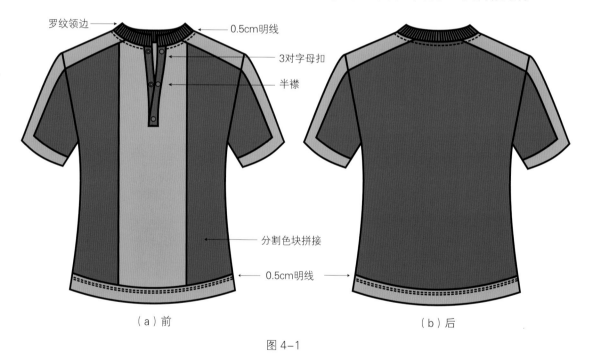

罗纹领边 —— 0.5cm明线
—— 3对字母扣
—— 半襟
—— 分割色块拼接
—— 0.5cm明线

（a）前　　　　　　　　　　　　　　　　（b）后

图 4-1

三、操作步骤

（1）用矩形工具 ▢ 绘制 1 个矩形框，如图 4-2 所示；调整大小，放置在页面合适的位置，改变边框线条为较粗线条（0.5mm），并单击鼠标右键选择 ⟳ 转换为曲线(V) 。

（2）选中已经转换为曲线的矩形，使用"形状工具" ⸜ 在边线上双击可增加节点 D、E；在属性栏中点击"转换为曲线" ⌒ ，通过移动矩形上的节点以及节点上的手柄，调整衣片外形（图 4-3）。

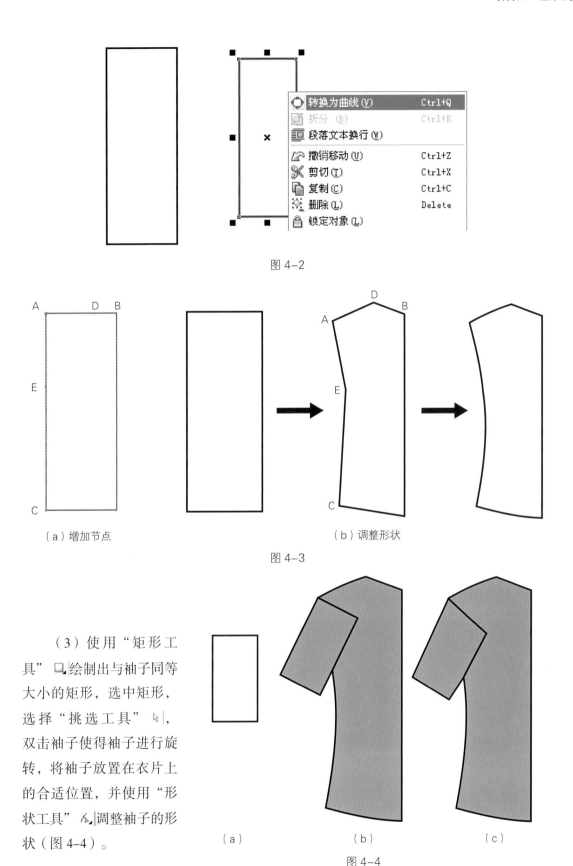

图 4-2

（a）增加节点　　　　　　（b）调整形状

图 4-3

（3）使用"矩形工具"绘制出与袖子同等大小的矩形，选中矩形，选择"挑选工具"，双击袖子使得袖子进行旋转，将袖子放置在衣片上的合适位置，并使用"形状工具"调整袖子的形状（图4-4）。

（a）　　　　（b）　　　　（c）

图 4-4

（4）按住键盘上的"Shift"键，使用"挑选工具"依次选中衣片与袖子，此时衣片与袖子同时被选中，在属性栏中单击"修剪" 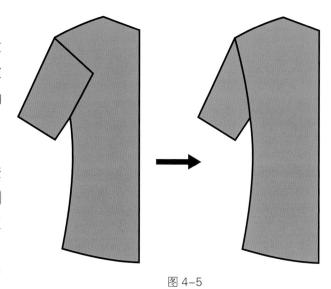（图 4-5）。

（5）同时框选中衣片与袖子，执行菜单栏中的"排列"→"变换"→"比例"命令，选择"镜像" ，点击"应用到再制" 复制出右边衣片。调整右衣片位置，使左右衣片的中线稍有重叠，选中左右衣片，单击属性栏中的"焊接" 使两衣片结合（图 4-6）。

（6）选中"刻刀工具" ，从要分割的起点位置连接到终点位置，连成直线，此时将衣片分割成A、B两片，用同样的操作步骤对袖子进行分割（图 4-7）。

（7）运用"形状工具" ，将刚分割的直线转为曲线，并调整分割面的形状，注意分割处的弧线要完全吻合，最后完成衣片与袖子的所有分割面的形状调整（图 4-8）。

图 4-5

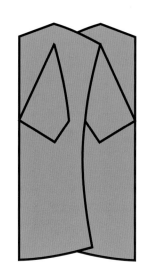

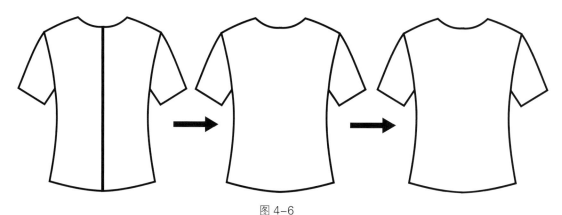

图 4-6

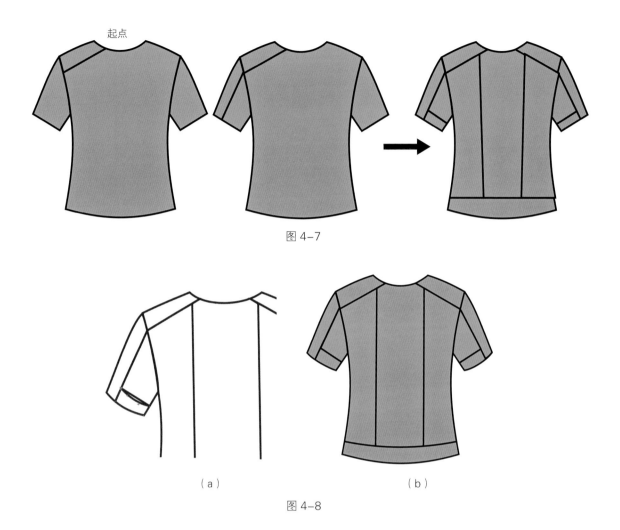

图 4-7

（a）　　　　　　　　　　　　　　（b）

图 4-8

（8）按住"Shift"键单击选中袖子上的两块分割面，点击属性栏中的"焊接" ⬚，使两个块面结合在一起，如图 4-9 所示。使用"贝塞尔工具" ⬚画出后领口。

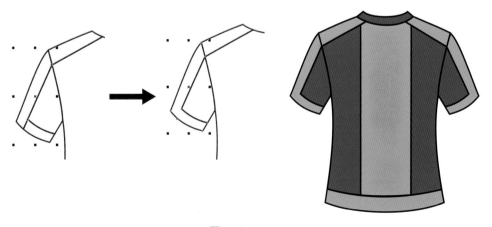

图 4-9

（9）绘制罗纹领。

①分别在领肩和领中线画直线，顺着领口的形状画出一条曲线［图4-10（a）、图4-10（b）］。

②将上述的两条直线移到衣片外，打开"交互式调和工具" ![icon]，在属性栏中设置步数为13 ![icon]，然后按住鼠标在两线之间拉出一排线条［图4-10（c）］。

③在属性栏中打开"路径属性"，选择"新路径"，并将箭头指向领口上的半截曲线（图4-11）。

④点击鼠标右键，选择"拆分"，将渐变线与曲线分离，选择曲线并删除（图4-12）。

⑤用镜像工具复制出另一边的罗纹线条，并调整好位置（图4-13）。

⑥用同样的方法画出前领口（图4-14）。

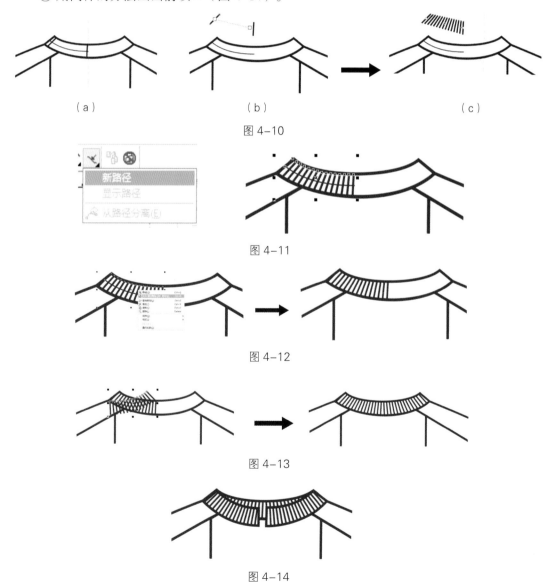

（a）　　　　　　　　（b）　　　　　　　　（c）

图4-10

图4-11

图4-12

图4-13

图4-14

（10）绘制半襟。使用"矩形工具" ▢ 绘制出大小适中的矩形，放在门襟位置，矩形转为曲线，并使用"形状工具" 𝄃 将矩形调整成门襟展开的形状（图4-15）。

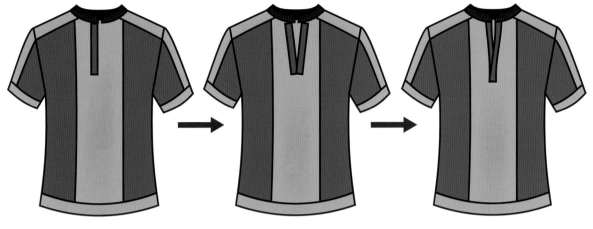

图4-15

（11）款式设计基本完成后，调整下款式的整体比例，添加明线线迹、纽扣等，如图4-16所示。

（12）根据以上绘制步骤画出T恤背面，并添加工艺说明，如图4-17所示。

图4-16

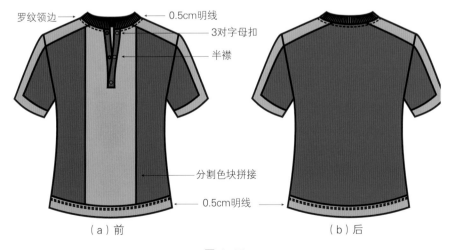

（a）前　　　　　　　　　　（b）后

图4-17

四、拓展练习

1. 拓展练习说明

按照任务一中罗纹领 T 恤的绘制方法，参考拓展绘制重点解析，根据所给的款式图进行练习，要求款式图绘制比例正确，线条流畅，工艺标注清晰明确（图 4-18）。

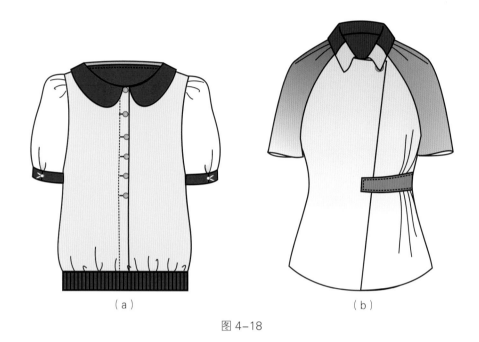

（a）　　　　　　　　　　　　（b）

图 4-18

2. 拓展练习解析

在绘制平领与翻领时，应注意区分两种不同领型的形状与特点。平领的领座量很少，因此，在绘制平领的高度时应比较贴合肩线。翻领的领座量较多，因此，在绘制翻领时应添加领座高度。绘制不同形状与结构的领型时，要根据不同领型的特点来确定款式比例（图 4-19）。

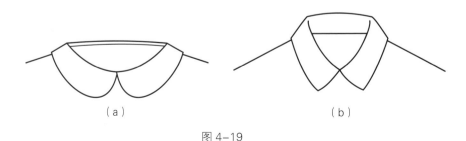

（a）　　　　　　　　　　　　（b）

图 4-19

任务二

女时尚外套的绘制

类似色相搭配因易产生统一性与稳定感而常常运用在女西装的色彩搭配中，请尝试使用类似色为女西装进行色彩搭配。

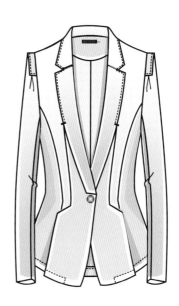

任务说明

1. 利用矩形工具、形状工具、交互式轮廓图工具、交互式透明工具、贝塞尔工具等绘制女西装，添加工艺说明，并且选择一款提供的拓展款式进行绘制。
2. 能绘制不同形状的翻驳领。
3. 能进行排版及背景的制作。

一、任务简介

绘制女西装，要求通过软件表现女西装的款式效果，作出女西装的工艺说明，且能绘制出不同形状的翻驳领和款式图页面排版。

二、任务分析

女西装在电脑绘制服装款式图中较为复杂，通过使用交互式轮廓图工具、交互式透明工具等进行绘制，运用文字工具标注工艺说明，使整个西装款式图表达清晰完整，能指导工艺的制作，如图 4-20 所示（款式来自广西纺织工业学校参加全国职业院校技能比赛集训训练作品）。

任务重点：交互式轮廓图工具及交互式透明工具的使用方法。

任务难点：需要仔细观察不同形状的翻驳领的表现形式，并能学会款式图的排版。

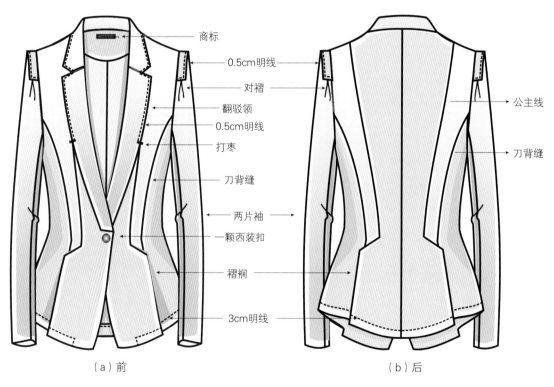

（a）前 　　　　　　　　　　（b）后

图 4-20

三、操作步骤

（1）用矩形工具 绘制 1 个矩形框，改边框线条为较粗线条 (0.5mm)，并转换为曲线，使用"形状工具"$\mathscr{A}$对矩形进行形状调整，镜像复制出右衣片，调整好左右衣片的位置并焊接，作为后衣片备用（图4-21）。

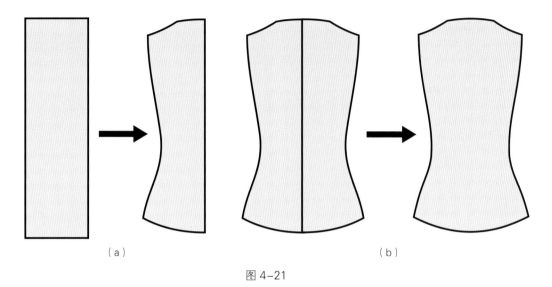

图 4-21

（2）用相同的方法画出前左衣片，再画出袖子并调整好形状（图4-22）。

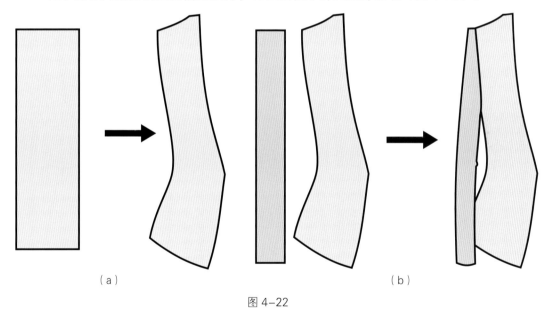

图 4-22

（3）用"贝塞尔工具"$\boxed{\cdot}$画出领子、衣片结构面、肩部设计，并用"形状工具"$\mathscr{A}$调整形状，使用"手绘工具"$\mathscr{A}$画出袖子与领子上的结构线，并用"形状工具"$\mathscr{A}$调整形状（图4-23）。

（4）对左衣片进行镜像复制，并调整好左右衣片的位置，将备用的后衣片与前衣片的位置进行调整，用"贝塞尔工具"$\boxed{\cdot}$画出领座与后衣片挂面并调整形状，用"手绘工具"$\mathscr{A}$画出后衣片的结构线（图4-24）。

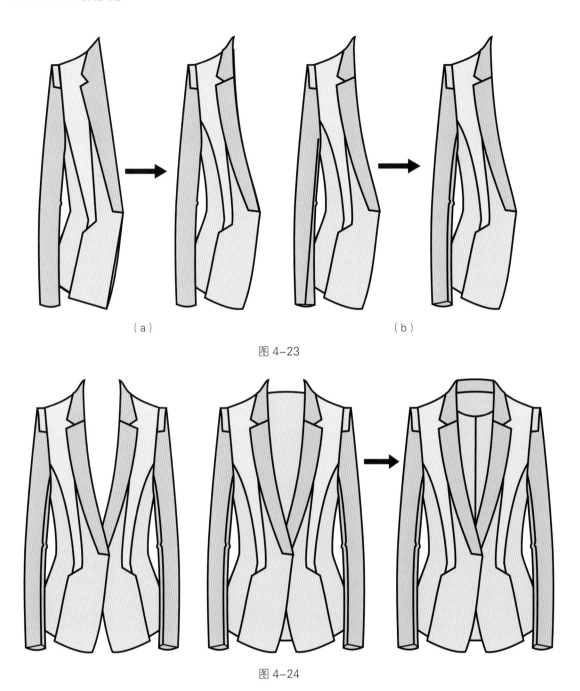

（a）　　　　　　　　　　　　（b）

图 4-23

图 4-24

（5）选中袖子，用"交互式轮廓图工具" ▣ 向内偏移画出一个略小的袖子，单击鼠标右键，选择"拆分" 🔳（图 4-25）。

（6）对绘制出的小袖子进行颜色填充并把轮廓色改为"无"，选择"交互式透明工具" ♀ 对小袖子进行透明处理（图 4-26）。

（7）将原袖子填充为白色，并将透明处理过的小袖子放置在原袖子上，使用同样的方法对女西装的其他结构面进行处理（图 4-27）。

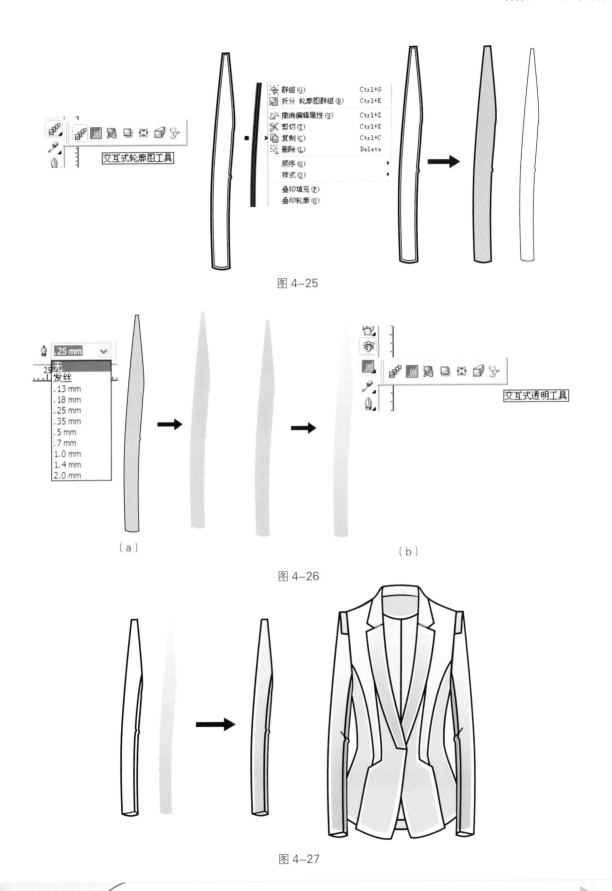

图 4-25

（a）　　　　　　　　　　　　　（b）

图 4-26

图 4-27

（8）绘制暗面。使用"贝塞尔工具" 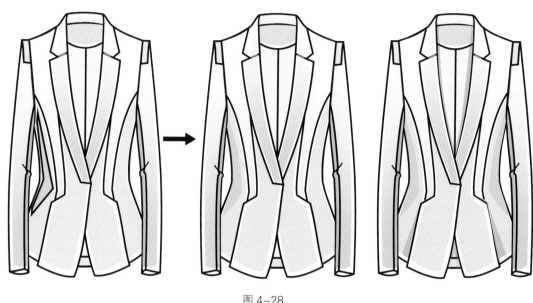画出衣片暗面并使用"形状工具" 调整形状，如图 4-28 所示，用同样的方法绘制女西装上的暗面。

图 4-28

（9）绘制商标。使用"矩形工具" 画出两个矩形，选择"文本工具" 输入字样"FASHION"，使用"椭圆形工具" 绘制出扣子并填充颜色，使用"手绘工具" 画出明线及褶（图 4-29）。

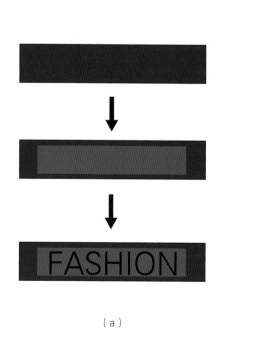

（a）

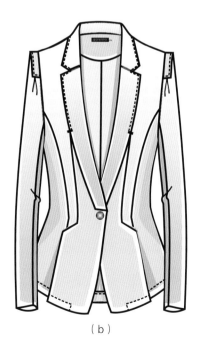

（b）

图 4-29

任务二

（10）使用同样的方法绘制出女西装的背面，并添加工艺说明（图4-30）。

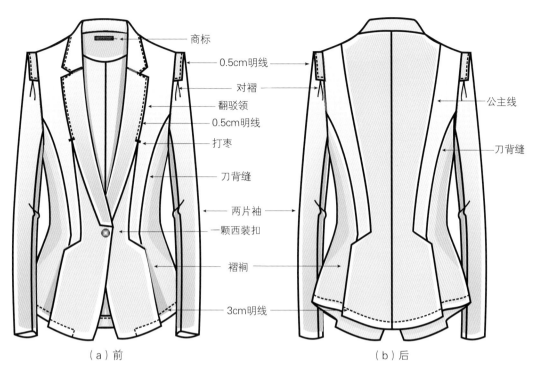

商标
0.5cm明线
对褶
翻驳领
0.5cm明线
打枣
刀背缝
两片袖
一颗西装扣
褶裥
3cm明线

公主线
刀背缝

（a）前　　　　　　　　　　　　　　　　　　　（b）后

图4-30

（11）对绘制好的服装款式图进行排版。

① 绘制面料小样。用"矩形工具" ▢ 画出一个矩形，使用"交互式变形工具" 🖱 中的"拉链变形" ◈ 对矩形的四个边进行处理（图4-31）。

② 对面料小样进行轻微旋转并复制出一个新的对象，填入较深一点的颜色，然后把两个对象叠加放置。使用同样的方法画出另一个面料小样（图4-32）。

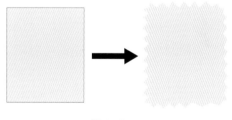

图4-31

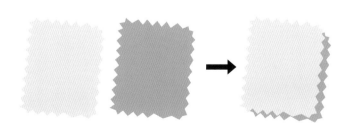

图4-32

③ 绘制背景。用"矩形工具" ▢ 画出一个矩形，使用"贝塞尔工具" ⊠ 画出边框，将两个对象交叠放置，并把轮廓色调为"无"（图4-33）。

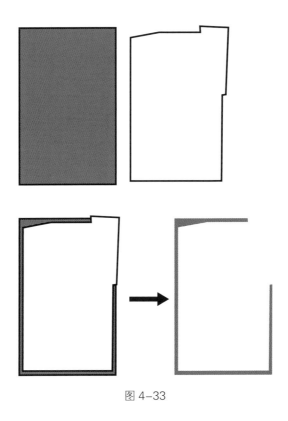

图 4-33

④ 绘制阴影。选中袖子进行复制，并点击鼠标右键将对象放置到图层后面。用相同的方法绘制出款式图前后两面的阴影（图4-34）。

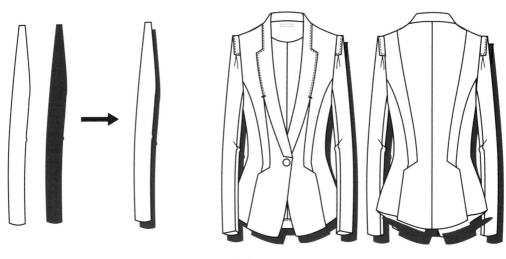

图 4-34

　　（12）将彩色款式图、黑白款式图、面料小样、辅料、背景等进行排版，并用文字标注出设计要点（图 4–35）。

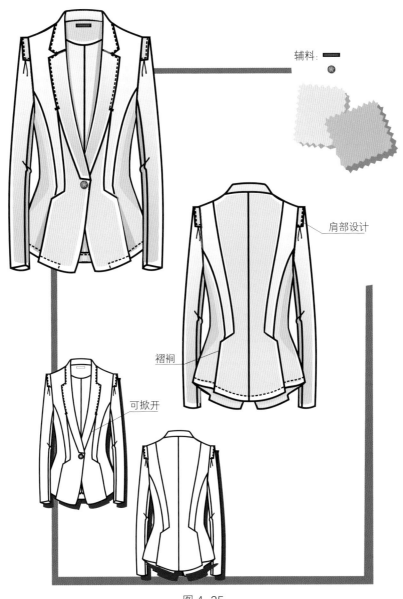

图 4–35

四、拓展练习

1. 拓展练习说明

　　按照任务二中女时尚外套的绘制方法，参考拓展绘制重点解析，根据所给的款式图进行练习（图 4–36）。

（a）　　　　　（b）　　　　　（c）　　　　　（d）

图 4-36

要求如下。

（1）款式图绘制比例正确，线条流畅，工艺标注清晰明确。

（2）对款式图进行排版，要求版面整洁、布局合理。

2. 拓展练习解析

（1）在绘制翻驳领时应注意区分不同形状领的特点。平驳领的驳头向下、枪驳领的驳头向上、青果领的驳头与领面相连，绘制不同形状的翻驳领时，要根据不同领型的特点来确定款式比例（图 4-37）。

（2）在页面排版中，可以进行以下操作

① 使用纵向排版或横向排版。

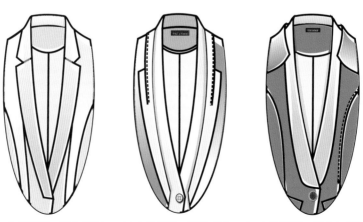

（a）平驳领：驳头向下　　（b）枪驳领：驳头向上　　（c）青果领：驳头与领面相连

图 4-37

②把设计要点标注清楚，放入面料小样，并写上设计主题、设计说明等文字说明（图 4-38）。

③背景设计可以是边框，也可以是与款式图相关的图片。

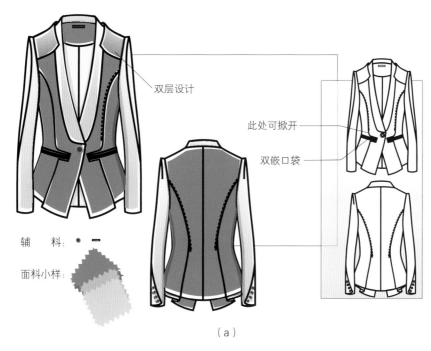

双层设计

此处可掀开
双嵌口袋

辅　　料：

面料小样：

（a）

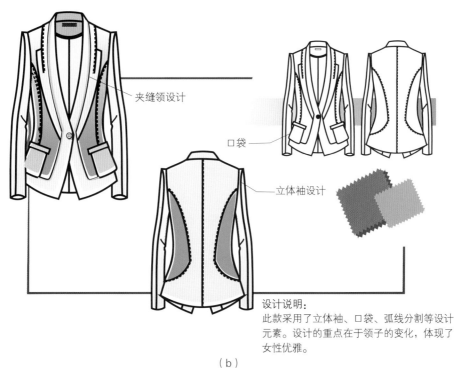

夹缝领设计

口袋

立体袖设计

设计说明：
此款采用了立体袖、口袋、弧线分割等设计元素。设计的重点在于领子的变化，体现了女性优雅。

（b）

图 4-38

任务三

男装夹克的绘制

夹克衫的款式很丰富，在造型上也有很大的差异。一般有便装夹克、衬衫夹克、工作夹克、运动夹克等。便装夹克的结构设计极富变化，设计要点集中表现在肩、袖、门襟、袖克夫以及分割线、装饰线或祥带之类的饰物等方面，设计方法多样，有无限的创作空间。

任务说明

1. 主要利用矩形工具、形状工具、贝塞尔工具、手绘工具等绘制男装夹克，并且选择一款提供的拓展款式进行绘制。
2. 学习拉链的绘制步骤及方法。
3. 学习不同款式夹克衫的绘制并说明夹克衫的设计重点。

一、任务简介

绘制便装夹克，要求通过软件表现拉链的款式效果，并作出夹克的工艺说明。了解各种款式夹克的绘制，分析三种夹克的绘制区别。

二、任务分析

便装夹克是电脑绘制服装款式图中中等难度的部分，通过使用矩形工具、形状工具、填充工具等进行绘制，运用文字工具标注工艺说明，使整个夹克款式图表达清晰完整，能指导工艺的制作（图4-39）。

任务重点：拉链的绘制和处理的方法。

任务难点：需要自己观察并掌握不同款式夹克的绘制。

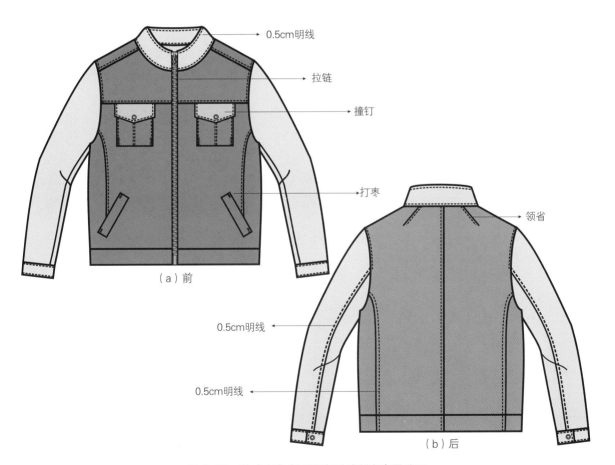

图4-39　款式来自广西南宁乔威制衣有限公司

三、操作步骤

（1）单击工具箱中的矩形工具 ▢，绘制一个矩形，并单击属性栏转换为曲线，使用形状工具 ▲进行调整，调整出衣片的形状，加粗轮廓线并填充颜色（图 4-40）。

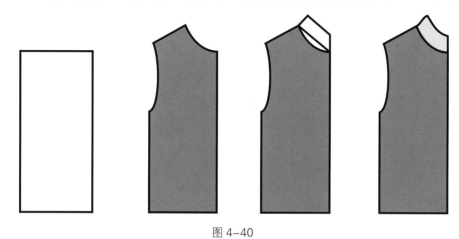

图 4-40

（2）单击工具箱中贝塞尔工具 ▨，将袖子绘制出来，执行排列菜单 / 顺序 / 到后面命令，将袖子的位置放置在衣片下面。继续用贝塞尔工具 ▨画出衣身和袖子的分割线、明缉线等结构线。执行排列 / 变换 / 比例命令，选择水平镜像复制，点击应用到再制，夹克衫的形状基本成形（图 4-41）。

（3）使用贝塞尔工具 ▨和形状工具 ▲将后领画出来并填充颜色（图 4-42）。

（4）单击工具箱中多边形工具 ◯，设置其属性栏中多边形端点数 ◯ 6 ⬍，创建一个六边形，再将其旋转。选择属性工具栏转换为曲线 ◯ 转换为曲线(V) 后，使用形状工具 ▲将多边形调整为如图 4-43（c）所示的形状。

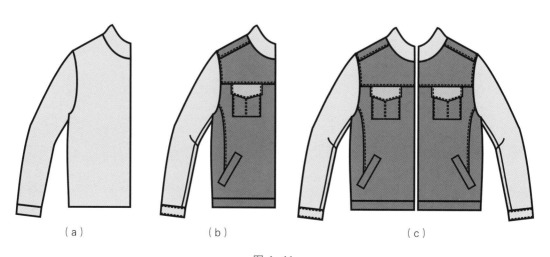

（a）　　　　　　　（b）　　　　　　　　　　　（c）

图 4-41

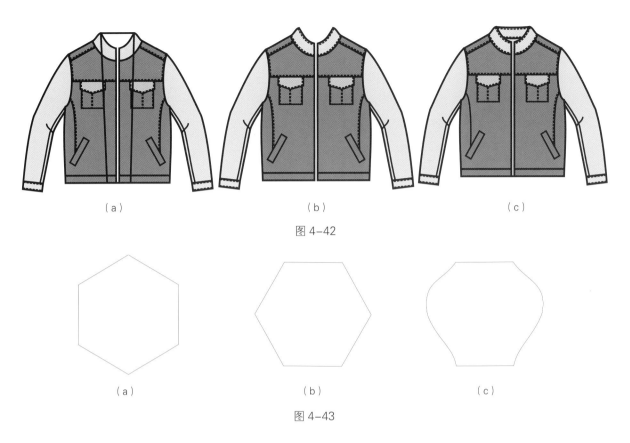

（a）　　　　　　　　　　　（b）　　　　　　　　　　　（c）

图 4-42

（a）　　　　　　　　　　　（b）　　　　　　　　　　　（c）

图 4-43

（5）单击工具箱中渐变填充工具 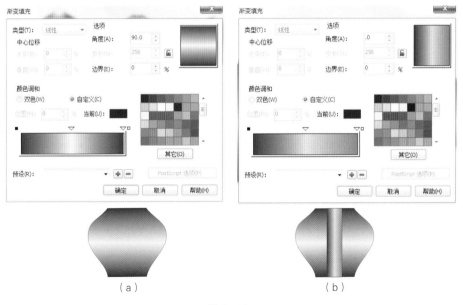，在弹出的对话框中进行设置，填充如下。用相同的方法，再创建以矩形为基形的拉链鼻头，运用渐变填充，改变设置，填充结果如图 4-44 所示。

（a）　　　　　　　　　　　（b）

图 4-44

（6）先使用工具箱中的矩形工具 ▢ 绘制带圆角的三个矩形，再执行排列菜单／修整／修剪命令，进行设置后，单击修剪。单击工具箱中渐变填充工具 ▨ 渐变填充⋯，在弹出的对话框中进行设置，填充结果如图4-45所示。

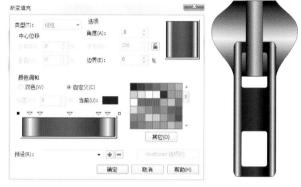

图4-45

（7）利用工具箱中矩形工具 ▢ 和椭圆工具 ○ 分别创建两个矩形和一个椭圆形。单击选择工具 ▯ 将它们分别移动至如图4-46（a）所示位置，在使用选择工具 ▯ 的同时按下键盘上的Shift键，群选所有图形，执行排列菜单／对齐和分布／水平居中对齐命令，对齐结果如图4-46（b）所示。

（a）　　　　　（b）

图4-46

（8）执行窗口菜单／泊坞窗／焊接命令，点击焊接将3个图形焊接为一个整体形状，单击工具箱中渐变填充工具 ▨ 渐变填充⋯，进行填充设置，由此得到一个拉链的基本齿牙（图4-47）。

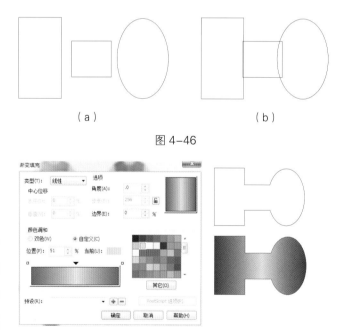

图4-47

（9）单击工具箱中贝塞尔工具 ▨，创建一个如图4-48（a）所示的线条作为拉链牙齿排列时的路径。将刚才绘制好的基本齿牙复制出第二个，并将其移动到如图4-48（b）所示位置。单击工具箱交互式工具 ▨，在第一齿牙处于选择状态下，拖动至第二个复制的齿牙上，并将其步数 ⊡ 12 根据实际需要调整［图 4-48（c）］，最后将完成的拉链条镜像复制出另一条［图 4-48（d）］。

（10）将绘制好的拉链放在衣片上，完成夹克的绘制（图 4-49）。

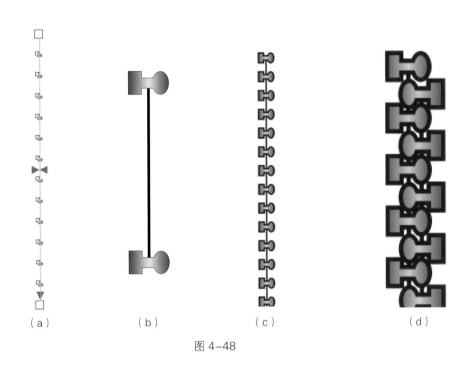

（a）　　　　　　（b）　　　　　　（c）　　　　　　（d）

图 4-48

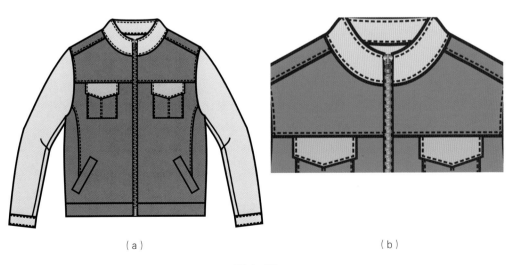

（a）　　　　　　　　　　　　　（b）

图 4-49

（11）使用已学过的绘制撞钉和之字形线迹的方法绘制撞钉和之字形线迹，并放在如图 4-50（a）所示位置。再用同样的方法绘制出夹克的反面［图 4-50（b）］。

（a）　　　　　　　　　　　　　　　　　　　　　（b）

图 4-50

四、拓展练习

按任务三中男装夹克的绘制方法，根据所给款式图进行绘图练习。要求款式图绘制比例正确，线条流畅（图 4-51）。

（a）　　　　　　　　　　　　　　　　　　　　　（b）

图 4-51

任务四

女大衣的绘制

同类色相搭配因视觉效果柔和而常常运用在服装色彩搭配中，请尝试使用同类色为女大衣进行色彩搭配。

任务说明

1. 利用矩形工具、形状工具、交互式变形工具、艺术笔工具、贝塞尔工具、手绘工具等绘制女大衣，添加工艺说明，并且选择一款提供的拓展款式进行绘制。
2. 能绘制出毛领、翻驳领、变化领三种领型。
3. 能绘制出圆装袖、落肩袖、插肩袖三种袖型。

一、任务简介

绘制女大衣，要求通过软件表现女大衣的款式效果，作出女大衣的工艺说明，且能绘制出三种领型和三种袖型。

二、任务分析

女大衣是电脑绘制服装款式图中较为复杂的款式，通过使用矩形工具、形状工具、交互式变形工具等进行绘制，运用文字工具标注工艺说明，使整个大衣款式图表达清晰完整，能指导工艺的制作（图 4-52）。

任务重点：交互式变形工具、艺术笔工具的使用及毛领的绘制方法。

任务难点：需要仔细观察不同袖型的表现形式，并学会不同袖型的绘制方法。

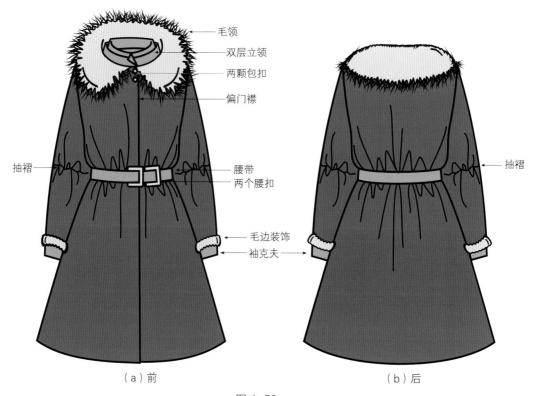

（a）前　　　　　　　　　　　　　　　　（b）后

图 4-52

三、操作步骤

（1）用矩形工具 ▢ 绘制一个矩形框，调整大小，放置在页面合适的位置，改边框线条为较粗线条（0.5mm），并单击鼠标右键选择 ◯ 转换为曲线(V)（图 4-53）。

（2）选中已经转换为曲线的矩形，使用"形状工具" ⟋，根据绘制上衣的操作步骤调整左衣片的形状，注意要预留出腰带的位置，同样根据绘制上衣袖子的步骤，画出袖子并调整好形状（图 4-54）。

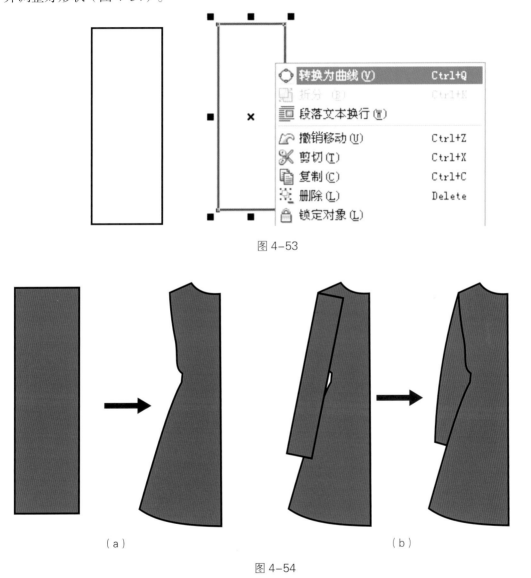

图 4-53

（a）　　　　　　　　　　　　　　　　　　（b）

图 4-54

（3）同时框选中衣片与袖子，执行菜单栏中的"排列"→"变换"→"比例"命令，选择"镜像" ⊡，点击"应用到再制"，复制出右边衣片，如图 4-55 所示。调整右衣片位置，并用"形状工具" ⟋ 将左衣片偏门襟调整至恰当的位置。

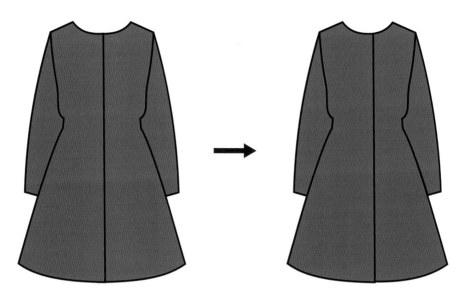

图 4-55

（4）选中"刻刀工具" ，分割出袖克夫；用"贝塞尔工具" 画出领子的轮廓并用"形状工具" 调整领子的形状；使用"手绘工具" 画出领子的结构线（图 4-56）。

（5）用"矩形工具" 画出腰带，放置在衣片上并调整形状（图 4-57）。

（6）用"矩形工具" 画出一个腰扣大小的矩形，在属性栏的矩形边角圆滑度中修改参数。再用"矩形工具"在腰扣上画出一个与腰带一样宽度的小矩形，并重叠在腰扣上，依次选中小矩形与腰扣，单击属性栏中的"修剪"，此时可拆分出修剪好的腰扣，运用旋转移动把腰扣放置在腰带的合适位置，并复制出第二个腰扣（图 4-58）。

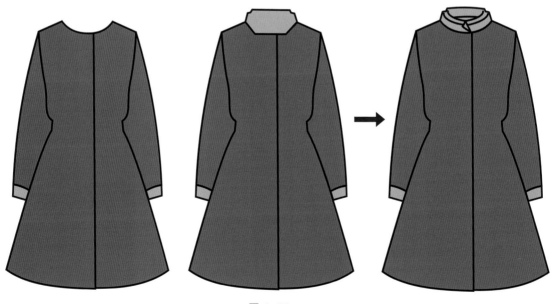

图 4-56

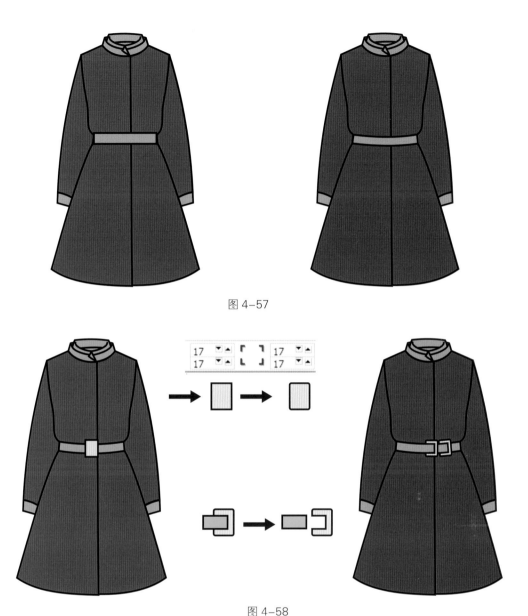

图 4-57

图 4-58

（7）绘制毛领。

①用"贝塞尔工具"画出毛领的一半轮廓；用"形状工具"调整形状；使用"交互式变形工具"在属性栏中单击"拉链变形"，并调节拉链失真振幅与拉链失真频率的参数　；接着单击属性栏中的"平滑变形"，使线条变得顺滑，镜像复制出右半边的毛领并焊接（图 4-59）。

②将毛领放置在大衣款式中适当的位置，依次选中双层立领与毛领，单击属性栏中的"修剪"，得到毛领的轮廓，再使用"形状工具"调整毛领的外轮廓（图 4-60）。

（8）使用"艺术笔工具"，在属性栏中选择适当的笔触画出毛领的毛边，并使用"形状工具"调整形状，复制出多根毛边，经过旋转、移动将毛边排列在毛领的边缘（图 4-61）。

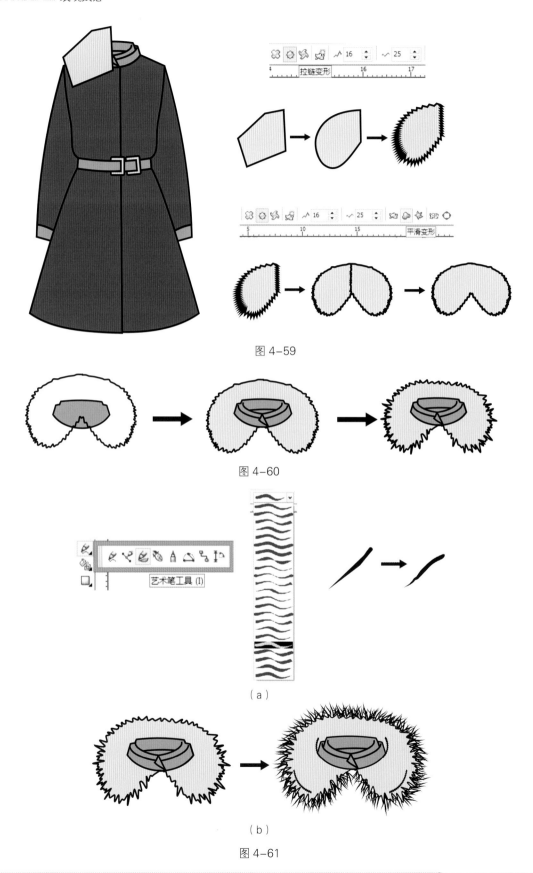

图 4-59

图 4-60

（a）

（b）

图 4-61

（9）用同样的方法绘制出袖口处的装饰毛边（图4-62）。

（10）添加两颗圆形扣子，接着用"手绘工具" ✍ 绘制出袖子上的抽褶以及衣片上的褶皱，并用"形状工具" ✎ 调整形状（图4-63）。

（11）根据以上绘制步骤画出女大衣背面，并添加工艺说明（图4-64）。

图4-62　　　　　　　　　　　　　　图4-63

（a）前　　　　　　　　　　　　（b）后

图4-64

四、拓展练习

1. 拓展练习说明

按照任务四中女大衣的绘制方法，参考拓展绘制重点解析，根据所给的款式图进行练习（图4-65）。

要求如下。

（1）使用皮草作为设计元素，对所给定的款式进行设计。

（2）款式图绘制比例正确，线条流畅，工艺标注清晰明确。

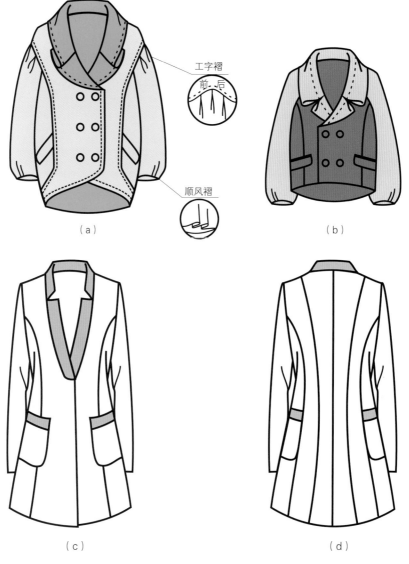

工字褶
前 后

顺风褶

（a）

（b）

（c）

（d）

图 4-65

2. 拓展练习解析

（1）在绘制圆装袖、落肩袖、插肩袖时应注意区分三种不同袖型的形状与特点。圆装袖的袖窿线在肩部，落肩袖的袖窿线在肩部以下，插肩袖则是肩部与袖身合为一体。绘制不同形状与结构的袖型时，要根据不同袖型的特点来确定款式比例（图 4-66）。

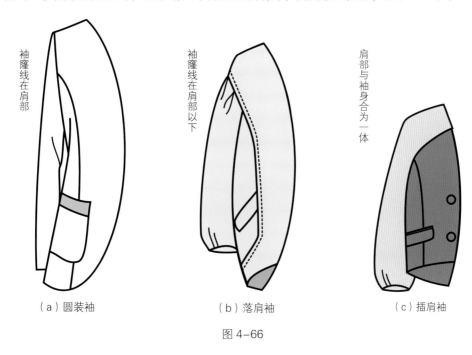

（a）圆装袖　　　　　　　（b）落肩袖　　　　　　　（c）插肩袖

图 4-66

（2）以皮草作为设计元素，重点在皮草的位置、面积。

① 可以将皮草添加在服装部件上，如领子、袖口、口袋、腰头、袢带等，也可以添加在服装结构线或装饰线上。

② 皮草作为服装装饰要点，将根据服装廓形、部件比例来设计皮草的面积大小，如 T 型服装可将皮草设计在领子上，并扩大皮草面积来增加肩部宽度。

③ 皮草作为设计元素，除了具有美观功能外，还具有保暖的实用性，因此，可根据皮草的实用功能添加设计。

项目五

文字与图案的绘制

任务一

花朵图案的绘制

花朵图案是服装面料上常见的图形，请尝试分别将花朵图案进行二方连续和四方连续的设计，并填充在连衣裙内。

任务说明

1. 利用形状工具、贝塞尔工具、手绘工具、填充工具等绘制花朵，添加工艺说明，并且填充在所提供的款式图内，进行绘制。
2. 能绘制出花朵图案，并进行二方连续组合填充。
3. 能绘制出花朵图案，并进行四方连续组合填充。

一、任务简介

绘制简单连衣裙，要求通过软件表现出花朵图案的搭配效果，并作出裙子的工艺说明，且能准确地将花朵填充在连衣裙内。

二、任务分析

花朵图案设计是电脑绘制图案中较为简单的，通过使用填充工具、形状工具、手绘工具、调和工具等绘制，运用文字工具标注工艺说明，使整个连衣裙款式图表达清晰完整，能指导工艺的制作（图5-1）。

任务重点：贝塞尔工具、调和工具的使用。

任务难点：需要仔细观察花朵的组合形式，并学会不同花的变化绘制。

图5-1

三、操作步骤

（1）打开 文件(F)，点击导入 导入(I)…，从素材库内调取女模人体，调整大小，放置在页面合适的位置，并使用"贝塞尔工具" 给模特绘制一条简单连衣裙，选择连衣裙，使用"填充工具" 为连衣裙填充颜色（图5-2）。

（2）绘制花朵。使用"圆形工具" 绘制圆形，选取圆形，点击"交互式变形工具"，在预设栏单击，单击平滑选项 （图5-3）。

（3）将鼠标移至圆内，按住左键拖动，拉出波纹轮廓（图5-4）。

（4）选取新制作的新图形，点击"填充工具" ，填入相应颜色（图5-5）。

（5）将填充好的图形复制一个，调整使其略小一点，放入图形中间位置，使用"填充工具" 填充白色，使用"选择工具" ，全选两个图形，鼠标移至右侧调色板最高处标示，单击右键，完成删除边线（图5-6）。

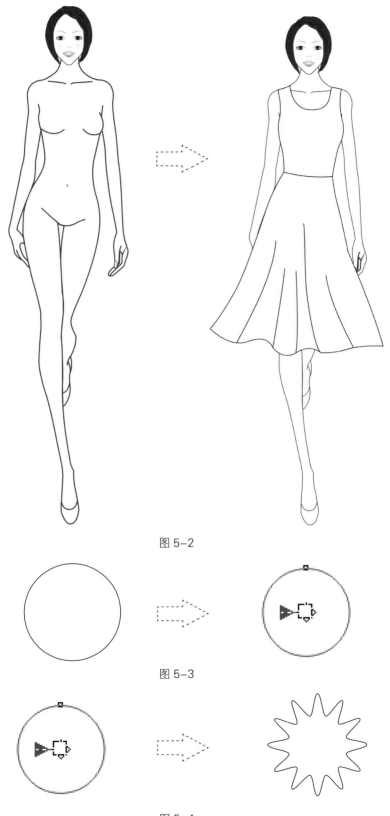

图 5-2

图 5-3

图 5-4

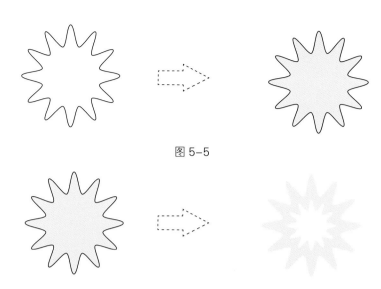

图 5-5

图 5-6

（6）以同样方法制作三个不同大小的同样图形，并进行组合排列，调整颜色搭配（图 5-7）。

图 5-7

（7）使用"矩形工具" ，绘制一个正方形，将调整好的这组大小不一样的图形群组，并按照四方连续方式填充在一个正方形内（图 5-8）。

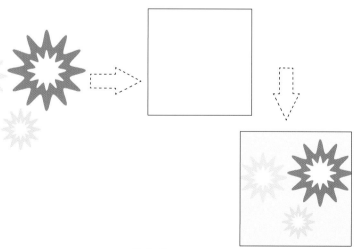

图 5-8

（8）将填充好的正方形进行排序，如图 5-9 所示，重复复制、粘贴几次，形成大面积图形，群组图形，点击位图选项，在下拉窗口选择转换为位图选项，将图案转换。点击效果选项，在下拉窗口中，选择"图框精确剪裁""放置在容器中"选项，将鼠标分别移到裙子内，单击左键，完成填充。

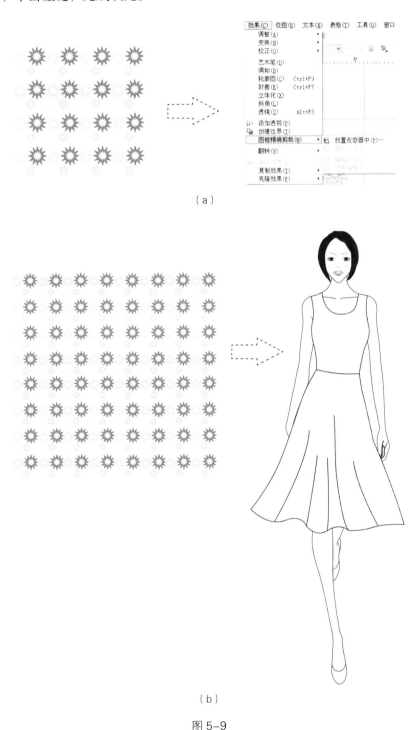

（a）

（b）

图 5-9

（9）完成图案填充，全选人模和裙子，群组图形（图5-10）。

四、拓展练习

1. 拓展练习说明

按照任务一中简单花朵图案的绘制方法，参考拓展绘制重点解析，根据所给花的图案进行练习，要求款式图绘制比例正确，线条流畅，工艺标注清晰明确。

2. 拓展练习解析

在使用交互式变形工具对形状进行变形时，要注意观察鼠标拖动时的变化效果（图5-11）。

图 5-10

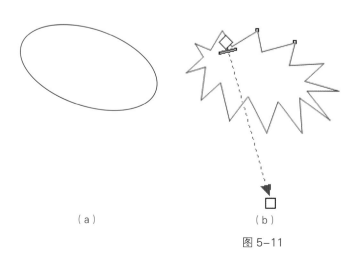

（a）　　　　　　　　（b）　　　　　　　　（c）

图 5-11

任务二

三维立体字的绘制

在服装设计中，也必须要掌握图案的绘制，其中字母、文字的设计是最常见的服装设计图案之一。

任务说明

1. 利用形状工具、文字工具、填充工具等绘制字母，添加工艺说明，并且填充在所提供的款式内进行绘制。
2. 能使用交互式立体工具对文字进行立体化处理。
3. 能对立体字进行渐变填充。

一、任务简介

绘制带文字的 T 恤，要求通过软件表现出文字效果和 T 恤款式，并作出 T 恤的工艺说明。且能准确地将文字按照构想的轨迹填入 T 恤内。

二、任务分析

文字绘制是电脑绘制图案中较为简单的部分，通过使用文本菜单栏下的命令进行文字的绘制和编辑，运用前面所学习的内容进行款式绘制，标注工艺说明，使整个 T 恤款式图表达清晰完整，能指导工艺制作。

任务重点：文本菜单栏的使用。

任务难点：文字立体效果的绘制。

三、操作步骤

（1）打开"文件"下拉窗口，点击导入，选择 T 恤一件，导入工作界面（图 5-12）。

图 5-12

（2）左键单击选择工具栏中的文字工具字，键入英文"style"，将字体更改为黑体字，如图 5-13 所示。

（3）选取字母，鼠标移至工具栏，选择交互式立体工具，用鼠标拖动字母变形至合适大小，在横项选项中，点颜色选项，点单色，在色彩选择框中将黑色改选为灰色（图 5-14）。

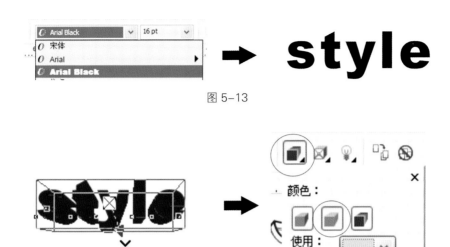

图 5-13

图 5-14

（4）将鼠标移至字母任意位置，选取字母后，用鼠标点击左侧工具栏内的渐变填充工具，弹出渐变填充对话窗口，类型选择"射线"，颜色调和改为如图 5-15 所示。选择完毕，点确认。

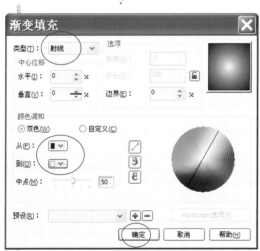

图 5-15

（5）使用选择工具 ↘|，选取字母，调整使其至合适大小，放在 T 恤款式的前胸位置。全选 T 恤与字母，点击 (Ctrl+G) 进行群组，完成制作（图 5-16）。

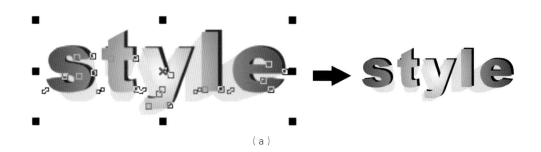

（a）

（b）

图 5-16